ISBN 978-0-260-81004-5
PIBN 10334719

»Es erscheint billig, angesichts all des Schadens, welchen die Pilze und Bakterien in der Welt anrichten, sich auch des eminenten Nutzens, welchen sie stiften, bewusst zu bleiben.«

P. Baumgarten, Lehrb. d. pathol. Mykologie.

Geologisches

über

Salpeterbildung

vom Standpunkte der Gährungschemie.

Von

A. Plagemann

Dr. phil.

Hamburg 1896.

Kommissionsverlag von

GUSTAV W. SEITZ NACHF.

Besthorn Gebr.

Ueber Salpeterbildung vom Standpunkte der Gährungschemie.

Es ist ein alter Gemeinschaden, dass das Laien- und Gelehrtenpublikum, welches wir als die Gebildeten zusammenfassen, vornehmlich von den noch nicht ausgetragenen wissenschaftlichen Streitfragen angezogen wird, so dass der unruhige Geist Unzähliger — statt zunächst einmal auf das Wissbare — schnurstracks auf die unmittelbare Erfassung der räthselhaftesten geologischen Phänomene ausgeht. Unberührt von peinigenden Zweifeln hegen diese naturfreundlichen Zirkel ihre mühelos gebildeten Lieblingsvorstellungen; am Horizont ihrer vermeintlichen Naturerkenntniss befestigen sie lediglich das, was in ihren Kram passt, — über das andere, was der Phantasie nicht schmeichelt, täuscht man sich hinweg —, und die einmal von Illusionen Bestrickten überzeugen sich später nur schwer der wissenschaftlichen Unzulänglichkeit ihrer Folgerungen. Die Beschäftigung mit den Einzelheiten der erfahrungsmässigen Wissenschaften über Beobachtungen, Funde, Forschungen und Experimente dünkt den Meisten offenbar zu trocken und zeitraubend, und sie halten sich nur ungern beim Studium des Nachweisbaren auf, das uns allein zum Verständniss führt des kausalen Zusammenhanges der Aeusserungen der im Verborgenen wirkenden Naturkräfte, welche die Allgemeinheit so mächtig reizen.

Nach den Erfahrungen, welche man gewöhnlich bei wichtigen Neuentdeckungen zu machen pflegt, hätten die den Naturwissenschaften freundlichen Kreise mit dem Anwachsen der staunenerregenden Eroberungen der Physiologen und Chemiker auf dem Gebiete der Zymologie und Bakteriologie in Uebereifer verfallen müssen. Es durfte in der That vorausgesetzt werden, dass man an diese bedeutsamen Errungenschaften sofort die weitgehendsten Erwartungen inbezug auf die Erklärung geologischer Räthsel knüpfen würde, dass die Gelehrten, von einer wissenschaftlichen Epidemie befallen, auf die Thätigkeit mikroskopischer Pilze auch solche Naturerscheinungen zurückzuführen geneigt sein würden, deren Zustandekommen die Urheberschaft von Mikroben freilich gänzlich ausschliesst. Jedoch nichts von dem trat wirklich ein; das übliche Ueberdaszielhinausschiessen blieb in diesem Falle aus! Die Nichtfachgelehrten trieben ihre Vogel-Strauss-Politik durch Jahrzehnte weiter, und in unseren Tagen bestätigen auch in dieser Sache die Ausnahmen die Regel, dass ganz zweifellos die Ueberzahl der Geologen der enormen Tragweite der neuen Wahrheiten ihr Naturverständniss verschlossen hält.

Da es sich aber um thatsächliche Entdeckungen handelt, die nicht weggeleugnet werden können, da von mikroskopischen Pilzen durch Gährungswirkungen in der That bedeutende geologische Effekte hevorgebracht werden: woher dann diese Abweichung im Verhalten der naturforschenden Kreise?!

Gerade in den letzten Jahrzehnten, nachdem die Brot- und die Essigerzeugung aufgehört haben, eine häusliche Angelegenheit zu sein, nachdem das Hauptgährungsgewerbe, die Bierbrauerei, auf wissenschaftlicher Grundlage reformirt, zu einem dem Verständniss des grossen Publikums unzugänglichen Felde der chemischen Technik und Grossindustrie herausgebildet worden: wer möchte heute wohl im Ernste bestreiten, dass überall die Möglichkeit, mit der Aufhellung über das Wesen dieser chemischen Processe die Wahrheit über eine Vielzahl von mikrobiologisch geochemischen Phänomenen selbst nur in engere Kreise zu tragen, jetzt gegen früher eine sehr viel geringere geworden ist, da wir die natürlichen einfachen Anknüpfungspunkte mehr und mehr verlieren. Unter den Stadtbewohnern, die sich von den Erzeugnissen eines durch Gährungsvorgänge fruchtbaren Bodens nähren, verfallen überhaupt nur noch recht wenige darauf, über die Natur des pflanzenernährenden Wirkungsvermögens des Gründüngers, des Stallmistes und des Salpeters, also über die für die Existenz der Menschheit wichtigsten mit dem Wachsthum von Mikroben verknüpften Processe, gehörig nachzudenken. Wenn ihn sein Fachstudium nicht gerade mit der Gährungschemie in Berührung bringt — wer vermag da noch eine verständige Erklärung zu geben von dem Wesen und der Wirkungsweise der gewöhnlichsten Gährungserreger, des Sauerteiges oder der Hefe; wer, obgleich er täglich die Produkte der Lebensthätigkeit mikroskopischer Pilze verzehrt und geniesst, und obgleich er über die Mikroorganismen als Krankheitserreger ein langes und breites zu erzählen weiss — freilich ohne eine Ahnung zu haben von den Analogien, welche veranlasst werden durch das Wachsthum der verschiedenen Mikroben: der gewöhnlichen Gährungserreger, der Bakterien und der Schimmelpilze! Aber auch die Naturforscher dringen bei der gegenwärtigen masslosen Bereicherung aller Theilwissenschaften in nichts schwieriger ein, als in das wissenschaftliche Verständniss solcher allergewöhnlichster sich täglich rings um uns herum und in uns selbst abspielender oder in der Industrie absichtlich angewandter Processe. Es würde in der That ein unbilliges Verlangen sein, wollte man fordern, dass jeder Vertreter der höheren Bildung sich unterrichtet erweisen solle über die Natur der lebendigen Substanz, über die Eigenschaften des lebenden Protoplasmas, worauf ja die nach den einzelnen Arten verschiedenen Lebensäusserungen der Pilze und Bakterien beruhen. W. Migula schliesst ein Kapitel, das von den Bakterien im Haushalte der Natur handelt, mit folgenden zu denken gebenden Worten: »der Mensch freilich hält diese Kräfte nicht hoch, denn er denkt nicht daran, welche wichtige Rolle sie im Haushalte der Natur spielen, die Namen klingen ihm widerwärtig und vor dem dritten hat er Furcht. — Die Kräfte sind: Gährung, Fäulniss und Seuche, die Lebensthätigkeiten der Bakterien.«

Die Trägerin der Lebenserscheinungen, die Protoplasma-Substanz, gehört nun zu den eminent fäulniss- und zersetzungsfähigen Eiweisskörpern, welche, im Mittel 17% Stickstoff im gebundenen Zustande enthaltend, durch die ganze Pflanzen- und Thierwelt verbreitet sind. Des weiteren kennen wir den Stickstoff in unorganischer Bindung in den Ammoniak- und Salpetersäureverbindungen; ausserdem kommt der Stickstoff im freien Zustande in Gasquellen und in der Atmosphäre vor, die zu 4/5 aus freiem Stickstoff besteht. Wie ersichtlich, so ist der Stickstoff als solcher und in seinen verschiedenen theils flüchtigen, theils leichtauflöslichen Verbindungen ein ungemein bewegliches Element, das sich der Wahrnehmung durch den Ungeübten oder

Nichteingeweihten entzieht. Kein Wunder also, dass man — über die Schicksale des Stickstoffs im Kreislaufe der Materie Umfrage haltend, — inbezug auf den Stickstoffkreislauf auf eine weitverbreitete Unkenntniss, auf die verworrensten Meinungen stösst; und dennoch finden wir, dass die Frage nach der Entstehung der Salpeterlagerstätten einen beliebten Unterhaltungsstoff abgiebt, den man sich vor anderem lobt. Aber an den Theorien, welche über die Bildung des Chilesalpeters, diese von Gelehrten wie Laien oft und gern diskutirte Räthselfrage, in sieben Decennien veröffentlicht worden sind, zeigt es sich nun recht deutlich: wie bedeutende Schwierigkeiten sich den aus verwandten Disciplinen in die Geologie hereinkommenden Forschern aus der Specialisirung erheben, welche durch das mächtige Anschwellen des Materials in den Theilwissenschaften leider geboten ist. Die Untersuchung der am Ausgange des XIX., der Entdeckung und Ausbeutung der bedeutendsten Natronsalpeterlager gewidmeten Jahrhunderts sich uns aufdrängende Frage, ob die Erklärung der Bildung des Chilenitrats bereits ihre Erledigung gefunden hat, muss vor der Allgemeinheit gründlicher als an dieser Stelle, als in den folgenden Betrachtungen geführt werden, welche den ungeheuren Stoff nicht erschöpfen, sondern nur einige Glossen darbringen sollen zu der heuer wieder einmal tobenden Jagd nach dem Ursprunge der Chilesalpetersäure. In meiner Absicht liegt nichts weiter, als eine schlichte Wiedergabe einiger Eindrücke, welche die Lektüre einer Anzahl neuester Nachrichten über die gedachte Problemsauflösung auf mich hervorgebracht hat. In den im Folgenden im letzten Abschnitte zu besprechenden Artikeln werden wir nämlich finden, dass von den betreffenden Autoren mehrere Variationen des alten Themas geliefert worden sind. [1]

---

1. Den Einsendern der Aufsätze, den Herren Redakteur Alexander Trautmann-Valparaiso, Wilhelm Hansen-Iquique und Hermann G. Schmidt, k. k. österr.-ungar. u. kaiserl. deutsch. Consul a. D., Consul von Chile zu Berlin-Charlottenburg, herzlichen Dank in lebhafter Erinnerung der Aufnahme, welche sie mir zur Zeit unseres gemeinsamen Verkehrs an der Salpeterküste im Verein mit den Herren Oskar Salbach-Iquique, Alfred Quaet-Faslem-London, Peter M. Wessel, Generalconsul von Chile zu Kopenhagen, in den Salzwüsten und Erzgrubendistrikten von Tarapacá und Atacama bereitet haben. Mit freundschaftlichem Glück auf! A. P.

Die Belehrung weiterer Kreise hat nun die thatsächliche Enthüllung des fraglichen Naturgeheimnisses zur Voraussetzung, und da aus den folgenden Zeilen so viel mit Sicherheit hervorgehen wird, dass »ein Rückwärtsschauen auch hier ein Wiedergewinnen ist, das uns Moderne bescheidener macht«, so übergebe ich diesen Bericht der Oeffentlichkeit, denn »veritas vel mendacio corrumpitur, vel silentio«.

. . . . Das Geheimniss der natürlichen Erzeugung des Chilesalpeters beschäftigt also unzählige mehr oder weniger berufene Köpfe; die Auflösung des Räthsels wollte jedoch ungeachtet aller Mühe nicht gelingen: jedenfalls wurde die interessante Frage infolge der Uneinigkeit unter den Specialforschern mit der Zeit zu dem Range eines dunkelsten Problems der Geologie erhoben, — zu einem Nolimetangere, vor welchem sich vorläufig die Geologen noch immer bekreuzigen, als vor einem überhaupt unlösbaren Problem, dem man nicht nahetreten soll. Allein die Erklärung dieses vieldurchdachten Räthsels der Schöpfung beruht nicht mehr ausschliesslich auf geistreichen Ideen: die Wissenschaft ist inzwischen so weit vorgeschritten, dass wir endlich vor einer geologischen Aufgabe stehen, welche einer zeitgemässen nüchternen methodischen Behandlung bedarf. Die Methode ist vorgeschrieben, dessenungeachtet werden selbst von anerkannt tüchtigen Gelehrten die Verdienste gerade derjenigen Männer, welchen wir die zeitgemässe Beantwortung der Hauptfrage, somit die Auflösung des engeren Problems verdanken, mit Voreingenommenheit abgewogen. Viel eher, hofft man, an das ersehnte Ziel zu gelangen, auch ohne die induktorische Methode zu befolgen; die Lösung des hartnäckigen geologischen Räthsels will man vermittelst ad hoc kombinirter Naturvorgänge durch einen glücklichen Wurf herbeiführen »gleichsam in dem Gedanken, Gott werde einer Sehnsucht zu Gefallen Wunder thun, die Natur verändern«. Noch immer machen sich auf diesem vielbegangenen Forschungsfelde alte Massensuggestionen breit. Der Nachweis ist leicht geführt, dass alles was bisher gethan worden ist, nicht das war, was nöthig war, um auch das weitere Problem zu lösen.

Ueber dieses Endergebniss wird aber niemand erstaunen, der sich vergegenwärtigt, dass dieser specielle Zweig der südamerikanischen Wüstenforschung — mit Hinsicht auf den theoretischen Kern — mehr als Nebensache betrieben wurde, und der bedenkt, dass den kritischen Suggestionen derer, welche — ohne von den alten eingeimpften Irrthümern abzulassen, — mit vermeintlichem Recht über diese Räthselfrage bestimmen, der verführerische minderwerthige Nährboden noch nicht entzogen worden ist.

Was nun den Ursprung der Salpetersäure der Chilenitrate anbetrifft, so ist es in der That ein Leichtes, von durchaus bewussten Gesichtspunkten ausgehend, die heute denkbar grösstmögliche Annäherung an das vorschwebende Ziel zu erreichen und die Streitfragen, welche über diesen Gegenstand erhoben worden sind, aus der Welt zu schaffen; andererseits bietet das nitrogenetische Problem nur noch inbezug auf seine historischen Elemente Schwierigkeiten dar.

Die kräftigsten Versorger der Nitrifikation, der natürlichen Salpetererzeugung, sind stickstoffhaltige pflanzliche und thierische Reste und animalische Ausscheidungen, wesshalb die Ansammlungen solcher Materialien vorzugsweise für die Ursprungsstoffe der Chilesalpetersäure angesehen werden. Die Nitrifikation bewirkt unmittelbar die Ernährung der Pflanzen durch die Umwandlung des organischen nicht assimilirbaren Stickstoffs der Böden in Salpeterstickstoff, das ist die günstigste mineralische Form, in welcher Stickstoff den Pflanzen dargereicht werden kann zur Unterhaltung des Vegetationsprocesses. Wir besitzen jetzt über das Wesen, den Umfang und die Bedeutung des Nitrifikationsprocesses durch methodische Untersuchungen von kompetenten Männern einen festen Ausgangspunkt für unsere Darlegungen: es ist eine festerkannte Thatsache, dass die Stickstoffmineralisirung im Erdboden auf genau festgestellten Aeusserungen der Lebensthätigkeit bestimmter Mikroorganismen beruht. Schon bei seiner Befreiung aus den organischen Stoffverbindungen durch die »Fäulniss« empfängt der Stickstoff den Anstoss zur Fortset ung seines Kreislaufs von biologischen Kräften, durch reducirend wirkende Mikroorganismen (wenn wir die Verbrennung durch Feuer, ein in der Natur sehr untergeordnetes Phänomen, ausschliessen); die Produkte der Fäulniss aber werden unter gewissen Bedingungen, wenn die Fäulniss durch die Lebensthätigkeit von Bakterien, welche Oxydationsprocesse einleiten und durchführen, in »Verwesung« übergeht, auf die höchste Sauerstoffstufe gehoben. So und nicht anders wird die wichtigste Salpetersäurequelle von der Natur erschlossen — durch den Stoffwechsel; und vom Anfange des organischen Lebens her bediente sich die Natur zur Regelung des Stickstoffkreislaufes auf der Erdbodenoberfläche des Lebensprocesses in den Wucherungen mikroskopischer Pilze — wo immer es todte organisirte Körper fortzuräumen, zu zerstören, aufzulösen, zu verflüssigen, zu vergasen, in einfachere chemische Verbindungen überzuführen galt, — im Meer und in Binnengewässern, im Boden und auf nacktem Gestein. . . . . Die Nitrifikation ist die wichtigste Erscheinung der Verwesungsvorgänge, weil auf ihr in der Hauptsache die Erhaltung des Lebens auf der Erde beruht. Von der »langsamen Verbrennung« hat schliesslich jedermann einmal gehört, von dieser früher sogenannten »spontanen« oder »freiwilligen« Zersetzung »sich selbst überlassener« Reste abgestorbener Pflanzen und Thiere. Aber die Geologen haben einen besonders wichtigen Grund, diesem Phänomen die grösste Aufmerksamkeit zu widmen: denn durch Fäulniss und Verwesung wurde in den verflossenen Zeiten der Erdentwickelung die Aufstapelung der todten organisirten Körper verhindert, und wenn die Oberfläche unseres Planeten heute kein ungeheurer, des vegetabilischen und animalischen Lebens vollkommen barer Leichenort ist, so haben dieses vor anderen mikroskopischen Organismen die Bakterien gewirkt. Ueberall, wo man im Erdboden Nitrifikation beobachtet, findet man ihre winzigen Erreger, die Nitrobakterien. Eine rein chemische Synthese von Salpeter aus unorganischem Material hat nirgends in der Natur in einer beträchtlicheren Menge nachgewiesen werden können, ja die massgebenden Forscher glauben schon seit Jahren nicht mehr daran, dass das durch die Elektricität der Luft gebildete salpetersaure Salz seiner Quantität nach genügen könnte, um den beständigen Verlust an gebundenem Stickstoff auszugleichen, welchen die Erde durch den Fäulnissprocess erleidet.

Unserem Zwecke, einigen folgerecht denkenden Naturfreunden das Problem, welches der Chilesalpeter weiteren Zirkeln noch immer darbietet, von der chemischen Seite in der richtigen Beleuchtung zu zeigen, würde eine umständliche Erörterung der bisherigen Ergebnisse der Specialforschung in einem quellenmässigen kritischen Berichte nur wenig nützen; denn das, worauf es zunächst ankommt, ist — eine in thatsächlicher Naturbeobachtung und Naturerkenntniss wurzelnde Uebersicht über den heutigen Stand der Frage. Aber wir dürfen unsere Vorbetrachtung nicht abschliessen, ohne aus der Entwicklungsgeschichte der Gährungswissenschaft einige der neuesten Daten beigebracht zu haben, die für die Verlässlichkeit unserer Darstellung zeugen.

Was man noch vor wenigen Jahren nicht ohne Gefahr, auf ironische Abfertigungen zu stossen, unternehmen durfte, heute, da die jetzige Zeit reif ist für das Empfangen einer Ahnung von der Bedeutsamkeit der geozymologischen Gesichtspunkte, mag man es sonder Bedenken laut bekennen: die logische Entwickelung der Gährungschemie und der Geochemie drängte darauf hin, die Entstehung des Chilesalpeters mit Gährungsvorgängen in Verbindung zu bringen.

Beim Schwinden des XVIII. Jahrhunderts befand sich das chemische Studium der Nitrifikation, durch zahllose Projekte und Versuche zu Gunsten der Hebung der Salpeterkultur gefördert, mit dem Fall der Transmutationslehre von der Umwandlung der Schwefelsäure und der Salzsäure in Salpetersäure auf dem festen Boden der Thatsachen. Schon um das Ende der dritten Dekade des gegenwärtigen Jahrhunderts war die Wirkungsweise der als ein pflanzlicher Organismus erkannten Hefe und der fäulnisserregenden Infusorien durch die Forschungsresultate eines Cagniard de la Tour, eines Turpin, Kützing, Schwann, Helmholtz hinlänglich aufgeklärt, sodass die theoretische Erläuterung der natürlichen Erzeugung des in Südamerika in ungeheuren Massen abgelagerten Natronsalpeters bis auf die Erklärung des Mechanismus der Nitrifikation von den Specialforschern in korrekten allgemeinen Umrissen hätte festgelegt werden können. Allein dieser letzteren Erkenntniss stand damals noch die Unvollkommenheit der Methode der Mikrobenzüchtung entgegen, bei den Geologen jedoch in erster Linie die unheilvolle Popularität der Theorie Longchamp's von der Nitrifikation des freien atmosphärischen Stickstoffs durch die physikalische Wirkung poröser kalkhaltiger Böden. (Das Postulat der Nothwendigkeit der Gegenwart von Kalk für die Durchführung der Nitrifikation zieht sich übrigens durch alle älteren Theorien, da es auf der rohesten Empirie beruhte; die wahre Erkenntniss des zwingenden Grundes ist uns dagegen erst vor Kurzem geschenkt worden). Allein schon damals pflegten die Geologen und die Bergleute im Allgemeinen nicht mehr sich über die Vorgänge der physiologischen Chemie zu unterrichten, obgleich die Naturforscher sich in jenen Tagen noch nicht so streng specialisirten wie heutzutage, da zum Beispiel die Salpeterschriftsteller — nach den erwähnten neuesten Proben zu urtheilen, — den Blick für das Ganze, für den Zusammenhang der Naturerscheinungen verloren haben dürften. — Die Führung in der geologischen Wissenschaft ist von den Bergleuten den Mineralogen überkommen; und gerade damals, als man den südamerikanischen Salpeterlagern regeres wissenschaftliches Interesse zuzuwenden begann, — um das Ende der dreissiger Jahre, — entbrannte ein erbitterter Kampf um die Erklärung des innersten Wesens der Gährungsvorgänge infolge der Aufstellung der mechanisch-chemischen Theorie der Gährung durch Liebig, — bis nach einer zwanzigjährigen Unklarheit über diesen Gegenstand L. Pasteur die biologische Auffassung des Princips der Gährungen zum Siege führte. — Indem nun Pasteur die mikroskopischen Pilze als genau bestimmte Faktoren der Geochemie in die Geologie einführte, eroberte er für diese umfassende Wissenschaft ein neues Grenzgebiet, welches wir als dasjenige der Geozymologie bezeichnen wollen.

Die Uebernahme zymologischer (gährungs-chemischer) Gesichtspunkte in die geologische Untersuchungsmethode leitet uns in Zukunft an zur Revision früherer, mit unzureichenden Kräften unternommener Forschungen und Erklärungen.

Es stand also schon seit einer Reihe von Jahren jedem Freunde der Naturwissenschaften frei, dies Eine aus dem Schatze der Gährungschemie zum Vortheil der Geologie zu heben: dass der Chilesalpeter, wie jedes andere im Erdboden gebildete Nitrat, unter dem Einflusse mikroskopischer Organismen erzeugt worden sein müsse, da ja die erste Umwandlungsstufe des Stickstoffs der organischen Verbindungen auf dem Wege zur Bildung des normalen höchsten Oxydationsproduktes von der auf der fauligen Gährung beruhenden Ammoniakerzeugung bezeichnet wird. Indessen ist diese Voraussetzung immer nur dann verbindlich, wenn der Standpunkt des naturkundigen Wissens keine andere Stickstoffquelle für die Nitrifikation anzeigt, die plausibeler erschiene, als diejenige, welche der Stickstoff in organischer und in unorganischer Bindung und im freien Zustande in den Böden cirkulirend darbietet, worauf ich gleich hier vorgreifend hinweisen möchte. Vom Nahen zum Fernerliegenden führt der richtige Weg auch dieser

Problemsforschung nach dem Wesensgeheimniss eines Naturprocesses, das mitnichten durch die Diskussion der Ergebnisse chemischer Versuche, anorganisch-chemischer Reaktionen allein bezwungen werden kann.

Schon seit Langem hat das Erfahrungswissen gelehrt, dass Fäulniss eintritt, sobald das Leben in den pflanzlichen und thierischen Organismen erloschen ist, — dass diese Erscheinung jedoch ausbleibt, wenn die betreffenden Körper und Medien längere Zeit auf 100° C. erhitzt werden. Ferner lernte man Bakterien kennen, welche eine ausserordentlich energische Sauerstoffabsorption durchführen. Hierauf sprach L. Pasteur 1862 die Ansicht aus: dass das Studium der Nitrifikation wieder aufgenommen werden müsse unter dem Gesichtspunkte, welchen die neuesten Erfahrungen über die Wirksamkeit der Mikroben der Verbrennung (Oxydation) darböten. Dieser Aufgabe widmeten sich Th. Schlössing und A. Müntz, und es gelang ihnen, durch eine Serie von subtilen Untersuchungen den Nachweis zu fuhren (1877 bis 1879): dass die Ursache der Nitrifikation in der That in der Entwickelung von Bakterien liegt, von welchen die Verbrennung des Ammoniaks und stickstoffhaltiger organischer Verbindungen besorgt wird. [2])

Die Errungenschaften durch zwei Jahrhunderte eifrig betriebener Forschung, der Werdegang der Sonderwissenschaft von den Gährungsvorgängen seit dem Auftreten G. E. Stahl's lassen keine andere Entscheidung zu: das Charakteristische an den Fäulniss- und Verwesungsvorgängen, an der Nitrifaktion beruht in physiologischen Akten.

So war denn die Auflösung des Räthsels der oxydirenden Wirkung der porösen kalkhaltigen Erden, das so viel Kopfzerbrechen verursacht hatte, gegeben! Kurz, nach Landolt's Untersuchungen über die chemischen Umsetzungen im Boden unter dem Einfluss kleiner Organismen ergab es im Jahre 1886: dass bei vollständiger Sterilisirung aller verwendeten Materialien niemals Salpeter entsteht, auch nicht in der Ackererde. 3) Hohe Temperaturen und die den Organismen im Allgemeinen

---

2. Vergl. Compt. rend.: **84.** I. pp. 301—303; **85.** II. pp. 1018—1020; **86.** I. pp. 892—895; **89.** II. pp. 891—894, 1074—1077.

3. Vergl. Tagebl. d. 59. Vers. deutsch. Naturf. u. Aerzte zu Berlin, 1886, p. 289.

verderblichen Chloroformdämpfe unterbrechen in den Salpetermikroben die für ihr Leben charakteristischen Vorgänge, bewirken Einstellung der Salpetererzeugung durch Abtödtung ihrer mikrobischen Erreger. Die Oxydation des Ammoniaks und seiner Salze erfolgt in den gedachten Erden dann nicht, wenn man sie geglüht hat und dem durchstreichenden Gase Chloroformdämpfe beigegeben werden. Diese porösen Erden sind also nicht gasverdichtend wie beispielsweise der Platinmohr, sie wirken nicht an sich nitrificirend, sondern einzig und allein durch die Lebensäusserungen der Gäste, welche sie beherbergen, — der Nitrobakterien, die sich mit Vorliebe auf Kalk ansiedeln, weil derselbe ihnen gegenüber sich als Alkali verhält, während schon die Gegenwart von 2—3 p. mille an Alkalikarbonat genügt, um die Nitrifikation aufzuheben. Hierdurch wird auch der Vortheil des Gypsens alkalihaltiger Böden verständlich; die in denselben neugebildeten schwefelsauren Salze begünstigen sogar (bei 7 und 8 p. mille in den humushaltigen Erden noch immer) die Nitrifikation.

Allein unter den zahllosen Freunden der Naturwissenschaften sind immer doch nur wenige, die daran denken: dass Fäulniss und Verwesung fundamentalste geologische Phänomene sind; und es sind selbst Diejenigen seltene Gäste, die sich herbeilassen, dem alltäglichen Nitrifikationsvorgange auf den Grund zu gehen. Der Process, welcher auf der ebengedachten so gewöhnlichen Aeusserung biologischer Kräfte in den einfachsten winzigsten lebensthätigen Zellen beruht, wird meistens vom exklusiv chemischen Standpunkt betrachtet, — das gemeinste chemisch-geologische Bodenphänomen in weitesten Kreisen noch immer grundfalsch aufgefasst. Was Wunder dann, dass man, an den von der Wissenschaft überholten Gesichtspunkten festhaltend, die Bildung des chilenischen Natronsalpeters für einen aparten Naturvorgang erklärt, für ein Phänomen, das nichts mit der in der Gegenwart in der Natur in den Böden beobachteten Nitrifaktion gemein hat; was Wunder dann, dass die führenden Geologen, die in ihrem Urtheil abhängig sind von den widerstreitenden Berichten vieler weitgereister Gewährsmänner, speciell für den Chilesalpeter garnichts übrig haben, dass die Studirenden und die Dilettanten aus den Lehrbüchern der Geologie so gut wie garnichts über den Hauptgegenstand unserer Verhandlung erfahren! . . . Es ist in wissenschaftlichen Abhandlungen schon manches über diese leidige Vieltheiligkeit der Meinungen unter den Autoren geklagt worden, ohne dass die wissenschaftliche Erläuterung unseres Paradigmas jedoch über das Niveau der Mantik und der persönlichen Geschmackssache emporgehoben worden wäre. Und wenn nun auch keine Theorie Gewissheit geben oder Vollkommeneres darbieten kann, als eine lediglich muthmassende Entscheidung, so »behauptet doch alles, was man Hypothese nennt, ihr altes Recht, wenn sie nur das Problem, besonders wenn es gar keiner Auflösung fähig scheint, einigermassen von der Stelle schiebt und es dahin versetzt, wo das Beschauen erleichtert wird.« — Die Aufgabe, das grosse Salpeterproblem derart zurechtzurücken, dass »man ihm auf neue Weise von anderen Seiten beikommen kann«, ist nun ebenfalls von A. Müntz mit dem herrlichsten Erfolge gelöst worden. 4)

Ausgehend von der Beobachtung, dass die Wirkung der atmosphärischen Elektricität in den Tropen keineswegs so bedeutend ist, dass man ihr die Bildung der Chilesalpetersäure zutrauen dürfte (bekanntlich geschieht das noch immer in breiten Schichten unter Gelehrten und Laien), unterstützt von der Thatsache, dass die Gegenden, in welchen die Thätigkeit der atmosphärischen Elektricität eine bedeutende ist, keine Salpeterlagerstätten besitzen, endlich fussend auf den mit V. Marcano an zahreichen Salpetererden des tropischen Südamerika geführten experimentellen Nachweis, dass die in den Tropen so besonders energisch sich äussernde Nitrifikation einzig und allein durch den Einfluss mikroskopischer Organismen verursacht wird, — trat Müntz an das Problem der Entstehung der Chilesalpeterlagerstätten heran: »l'origine de l'acide nitrique contenu dans ces sels constitue certainement la partie la plus importante du problème.«

In der That haben wir nicht den geringsten Grund vorauszusetzen, dass der zur Hervorbringung des Chilesalpeters führende Nitrifikationsprocess von dem in der Gegenwart überall auf der Erde beobachteten bedeutsamsten abweichend verlaufen sei. Müntz' Vorgehen war logisch richtig. Der kompetente Chemiker

4. Vergl. Compt. rend.: 100, I, pp. 1136—1138; 101, II, pp. 65—68, 248—250, 1265—1267.

und Physiolog trat somit keineswegs für eine Umwälzung in den Anschauungen ein, als er (zur Synthese des Salpeterphänomens von Tarapacá und Atacama schreitend) das bakteriell biologische Moment in den Vordergrund der Betrachtung stellte.

Es blieb also nur noch diese Frage zu entscheiden übrig: ob die in den Caliches (Caliche = Naturnatronsalpeter) enthaltenen jodsauren und bromsauren Salze sich durch die oxydirende Einwirkung von Bakterien auf Jodüre und Bromüre gebildet haben konnten, — sodass ihre »Existenz in diesem so anormalen Oxydationszustand, der nur von diesen Lagerstätten als in der Natur vorkommend nachgewiesen worden, dem Phänomen der Oxydation zuzuschreiben sei, welche zur Bildung des Nitrats Veranlassung gab; ist das Jod und das Brom hineinbezogen worden in diesen intensiven Oxydationsvorgang, welcher Wasserstoff in Wasser, Kohlenstoff in Kohlensäure, Stickstoff in Salpetersäure umwandelt?« ... Müntz fand nun, dass während der Nitrifikation aus dem zugesetzten Kaliumjodür und Kaliumbromür Jod- und Bromsäure und die weniger sauerstoffreichen Verbindungen Unterjod- und Unterbromsäure entstehen, ebenso wie man Nitrite neben Nitraten entstehen sieht (wir werden den Grund im folgenden Abschnitt zu erörtern Gelegenheit finden). Unser Gewährsmann beobachtete ferner, dass die Oxydation des Jods und Broms eine Parallelerscheinung der Nitrifikation ist, welche unabhängig ist von der Salpetersäuregährnng an und für sich: sie schreitet fort, nachdem aller Stickstoff in Salpetersäure umgewandelt worden und nur noch Kohlenstoffverbindungen vorhanden sind, auf deren Kohlenstoff und Wasserstoff die Mikroben den Sauerstoff übertragen können. Daher geht die Oxydation des Jods und Broms auch bei Abwesenheit der eigentlichen Nitrifikationsvorgänge vor sich. 5)

Wir haben uns davon überzeugt, dass die Ergründung des Geheimnisses der nitrificirenden Bodenvorgänge seit Langem her gerade in der Richtung der Bakterienwissenschaft vorwärtsgedrängt hatte. Es ist unter allen Umständen geboten, dass der Nicht-Zymolog sich zu der Lehre bekenne, welche von Fach-

5. Vergleiche A. Müntz: Recherches sur la formation des Gisements de Nitrate de Soude, in Annales de Chimie et de Physique: XI, 1887, pp. 111—135.

männern, die auf dem Gebiete der den Ausschlag gebenden Hülfswissenschaft der Geologie die Führung haben, anerkannt worden und mehr und mehr ausgebaut wird, — gegen welche transcendentale Gegenbehauptungen völlig machtlos sind. Die Besprechung der einzelnen für die Geologie wichtigen Bereicherungen, welche die neue Lehre durch die Forschungsresultate vieler bakteriengewaltiger Männer empfangen, würde in einer Einleitung in die Geozymologie zu geschehen haben. Hier will ich indessen aus der glänzenden Schaar die Namen wenigstens einiger Forscher hervorheben, mit deren Ergebnissen über die Aufklärung der nitrificirenden und denitrificirenden Gährungen wir uns häufiger zu beschäftigen haben, ausser Schlössing, Müntz, Winogradsky, Landolt: Hellriegel, Hüppe, Marchal, Stutzer, Wagner, Warrington.

Durch die neuesten Untersuchungen Winogradsky's, Berthelot's und Anderer ist zur Thatsache erhoben worden, dass der Ausgangspunkt der Fixation des freien atmosphärischen Stickstoffs im Erdboden nicht bei den höheren Pflanzen liegt, sondern bei niederen Organismen, Gemischen von grünen Algen und mikroskopischen Pilzen, welche die vegetabilischen Erden bevölkern und den freien Luftstickstoff in gebundene Form überführen (abgesehen von der Symbiose der Leguminosen mit Mikroben).

Schliesslich haben wir noch daran zu erinnern, dass felszerstörende Mikroorganismen unter Eis und Schnee der Hochgebirge von verschiedenen Forschern beobachtet worden sind. Diese nitrificirenden Mikroben wählen nicht etwa besondere Felsarten aus, sondern »bedecken die verschiedensten Gesteinstypen.« (Wir folgen den Ausführungen A. Müntz':) Diese winzigsten Lebewesen, welche ihren Bedarf an Kohlenstoff und Stickstoff aus der Luft decken, eröffnen in der schrittweisen Zersetzung der Felsoberfläche den Reigen, den die verschiedenen meteorischen Phänomene vorbereitet haben; sie umhüllen die Gesteine mit der ersten Humushaut. Während der kalten Periode gehen sie nicht unter, ihr Leben ist dann nur suspendirt. Müntz hat diese Nitromonaden vollkommen im Stande gefunden, ihre volle Thätigkeit wieder zu entfalten — nach Jahrhunderte dauerndem Schlaf unter Massen ewigen Eises, wo die Temperatur niemals höher als Nullgrad steigt. Die Lebensthätigkeit dieser Bakterien ist keineswegs auf die nackte Felsoberfläche beschränkt, sondern verbreitet sich auch in die Tiefe der Gesteinsmasse auf den feinen Kapillarspältchen vordringend. »Wenn man bedenkt, wie schwach die Intensität dieser Phänomene ist, so ist man wohl geneigt ihre Bedeutung zu unterschätzen; indessen weist denselben ihre kontinuirliche Wirksamkeit und ihre allgemeine Verbreitung einen Platz an unter der Zahl der geologischen Kräfte, welchen die Erde ihr heutiges Antlitz verdankt.« [6])

Mit gutem Recht also, — weil das Nitrat der salpeterreichen Erden, der Kehrsalpeter, die salpetersauren Salze der Mistbeete und der ersten zarten Humusumhüllung der nackten Felsen unter dem Einflusse einer Reihe von Organismen der Nitrifikation erzeugt wird, betonen wir unter den Elementen des den Chilesalpeter hervorbringenden Phänomens — die Gährwirkung von Spaltpilzen. Es ist nach all dem Vorgebrachten die organische Lebenskraft, welche den Stickstoff durch »Mischung und Entmischung, Verbrauch und Ergänzung der Stoffe« im beständigen Kreislauf erhält; — und die Entwickelungsgeschichte der Erdfeste verzeichnet darüber nichts, dass die Natur mit diesem Element einmal anders laborirt habe. Schliesslich sind wir, — die wir den Stickstoff auf seiner Wanderung von der Erzeugung der lebendigen Substanz anfangend durch die Proteïnstoffe der höheren Pflanzen und Thiere hindurch wiederum durch die Pilzzellen in den Luftocean und bis in's Nitratmolekül verfolgt haben —, zu der Ueberzeugung gelangt: dass, soweit uns die Kenntniss unserer Tage überhaupt Gewissheit geben kann, der Ursprung der Chilesalpetersäure im Stickstoffgehalt organischer Stoffe gesucht werden muss. Somit halten wir die jemals von der Natur erzeugte Salpetersäure, mit Ausnahme der in der Atmosphäre und bei Verbrennungsprocessen gebildeten Menge, (in der Hauptsache) für ein Produkt von Lebensvorgängen, welche gewissen Mikroorganismen eigenthümlich sind, vornehmlich für ein normales Endprodukt des gewöhnlichen Verwesungsvorganges.

---

6. Vergl. Compt. rend. 110. I. pp. 1370—1372.

Definition des Begriffes und Ueberblick des Feldes der Geozymologie.

Da wir in den einleitenden Absätzen die Schimmelpilze, die wilden Hefen und die Bakterien unter einer Rubrik vereinigt haben als »mikroskopische Pilze«, so fühlen wir jetzt das Bedürfniss, die mannigfaltigen Lebensäusserungen so vieler nach Gestalt und Bau verschiedener Zellen in einem Ausdruck zusammenzufassen. Wir finden den gesuchten universalen Gesichtspunkt in der allen mikroskopischen Pilzen gemeinen geologisch-chemischen Tendenz der Zerlegung organischer Stoffe in einfachere chemische Verbindungen. Wir unterscheiden die Zersetzungen daher nicht nach chemischen Gesichtspunkten, ob sie, wenn von Schimmelpilzen, Hefen oder Bakterien verursacht, verschiedene Produkte liefern; aber wir nutzen unserm Zweck ebensowenig, wenn wir einen exklusiv biologischen Standpunkt einnehmen. Wir fassen daher aus Zweckmässigkeitsgründen, um das gewaltige Material den Freunden halogenetischer Studien dienstbar zu machen, die von den Mikroben erregten physiologisch-chemischen Reduktions- und Oxydationsprocesse als G ä h r u n g e n zusammen, -- wohl wissend, dass neuerdings von massgebenden Forschern dieser Terminus ausschliesslich für die von Gasentwicklung begleiteten Spaltungen organischer Stoffe reservirt wird. Wir verstehen hier also unter Gährungen im Allgemeinen: vegetative Umsatzprocesse, welche auf den Leistungen niedrigster Organismen beruhen, — der G ä h r u n g s o r g a n i s m e n, chlorophyllfreier einzelliger Protoplasmagebilde, »die sich selbst fortzuerzeugen und wesentlich zu vermehren im Stande sind«. Wir trennen die Gährungen in solche mit typischer Gasentwicklung, als Gährungen im engeren Sinne, und solche Spaltungen, welche von typischer Gasentwicklung nicht begleitet werden, oder Gährungen im weiteren Sinne. Unter g e o z y m o l o g i s c h e n Vorgängen begreifen wir dann Gährungserscheinungen, echte und diesen analoge zymische Processe; mithin zunächst einmal sämmtliche gährungsphysiologisch-chemischen

Processe, durch welche unmittelbare geologische Wirkungen hervorgebracht werden. Den Bakterien kommt aber unter den als »geologische Kräfte« primäre geologische Effekte verursachenden mikroskopischen Pilzen der erste Rang zu; aus dem ungezählten Heere der Bakterien jedoch greifen wir die saprophytischen zymogenen Spaltpilze heraus, auf welche (im Gegensatz zu den parasitischen, durch pathogene oder chromogene Eigenschaften ausgezeichneten) als die Urheber »mehr oder weniger heftiger Zersetzungen verschiedener organischer Stoffe« der Geolog also sein Augenmerk vornehmlich zu richten hat.

Wir kehren zu der Nitrifikation zurück. Die Salpetererzeugung, welche in der Oberflächenschicht des Bodens erfolgt, geschieht durch eine Gährung im engeren Sinne (durch die reducirende Ammoniakgährung, Fäulniss, auch Ammonisation genannt) und durch zwei Gährungen im weiteren Sinne (durch die oxydirenden Salpetrigesäure- und Salpetersäuregährungen, Nitrosation und Nitratation genannt, Nitrifikation). Es ist hiernach evident, dass die Nitromonaden, die Salpeterbakterien, nicht im Stande sein können, die todten Pflanzen- und Thierkörper und die animalischen Auswurfsstoffe unmittelbar zersetzend anzugreifen. Es leuchtet aber auch ein, dass die Erreger der oxydativen Spaltungen, durch welche aus den komplicirten organischen Kohlenstoff-, Stickstoff-, Sauerstoff-, Wasserstoff-, Schwefel-, Phosphor- u. s. w.-Verbindungen schliesslich einfache anorganische Verbindungen hervorgehen, Kohlensäure, Salpetersäure, Schwefelsäure, Phosphorsäure u. s. w., die eigentlichen Mineralisatoren der in den abgestorbenen animalischen und vegetabilischen Substanzen in organischer Bindung enthaltenen Elemente sein müssen. Von den meisten Bakterien kann die Anwesenheit zersetzungsfähiger organischer Stoffe im Nährboden oder in den flüssigen Nährmedien nicht entbehrt werden; es ist das Vorhandensein derselben sozusagen conditio sine qua non. Indessen giebt es unter den Bakterien gewisse Arten, welche sogar in Bezug auf diesen wichtigen Punkt, — der Bildung neuen Protoplasmas aus den assimilirten Nahrungskörpern —, die allgemein gültigen Gesetze durchbrechen; und so haben wir hier die Nitrobakterien als interessante Ausnahme zu erwähnen. Die Nitromonaden,7) deren Kenntniss wir S. Winogradsky verdanken,

7. Vergl. Annales de l'Institut Pasteur, IV, 1890, pp. 213 ff., 257 ff., 760 ff.

sind in der That befähigt, anorganischen Salzen sowohl ihre Stickstoff- als auch ihre Kohlenstoffspeise zu entnehmen und — ohne Chlorophyll zu besitzen, — Kohlensäure zu assimiliren, womit »das letzte fehlende Glied zwischen Thier- und Pflanzenleben gefunden ist«.

Die Leistungsfähigkeit der Mikroorganismen, die Intensität ihrer Lebensäusserungen, die Menge der von ihnen ausgesonderten organischen und anorganischen chemischen Verbindungen an Gasen, Säuren u. s. w. ist nun ferner von mancherlei Bedingungen abhängig: so von der chemischen Zusammensetzung und der Temperatur der festen und flüssigen Nährböden, von der mineralogisch-chemischen Zusammensetzung und den physikalischen Eigenschaften der Bodenbestandtheile und der Bodenschicht in bezug auf Porosität, Durchlässigkeit für Luft und Gase, Permeabilität; des weiteren davon, ob die mineralogischen und die organischen Nährstoffe konstant zugeführt werden, oder ob diese Verhältnisse rasch oder langsam veränderliche sind, und in diesem letzteren Falle (durch Aenderungen der Lebensbedingungen) vorher unter ungünstigen Verhältnissen existirende Pilze zum Nachtheil der bis dahin vorherrschenden Arten begünstigt werden, sodass sie die übrigen vorübergehend oder definitiv verdrängen oder gewisse Formen zu Abweichungen von ihren specifischen Lebensäusserungen zwingen (z. B. Jodsäure- und Bromsäuregährung durch Nitrobakterien; Vergährung der Bierwürze durch Weinhefe u. s. w.) Treten also Modifikationen der Existenzbedingungen ein, welche einzelnen Arten der durch die bewegte Luft überallhin getragenen mikroskopischen Pilze schädlich sind, so werden dieselben entweder in ihrer Entwicklung nur gehemmt oder gehen sie, falls sie nicht die gegen Trockenheit, Hitze, Feuchtigkeit und Kälte höchst widerstandsfähigen Dauersporen zu bilden befähigt sind, bei zunehmender Verschlechterung der Bedingungen zu Grunde. Die Anpassungsfähigkeit der mikroskopischen Pilze an gewisse ihnen zunächst nicht zusagende Verhältnisse und die Fähigkeit, welche ihnen gestattet unter veränderten Bedingungen von der ihnen im Einzelnen eigenthümlichen verschiedene Gährungen durchzuführen, erlaubt mehreren Arten zugleich sich auf demselben Substrat anzusiedeln. Die mineralogisch-chemische Zusammensetzung des Nährbodens und seine Reaktion ist in bezug auf die Vertheilung der Mikroorganismen von grösster

Bedeutung; die eigentlichen Pilze sind in alkalisch reagirenden Böden nur schwach vertreten, während die Bakterien in denselben im Allgemeinen vorherrschen, erstere wiederum in sauren Böden zahlreich angetroffen werden (wo sie zur Mineralisirung des organischen Stickstoffes beitragen).

Die gedachten Bedingungen, Umstände, Eigenthümlichkeiten und das verschiedene Verhalten der Mikroorganismen gegenüber dem freien Sauerstoff —, (wonach in der Hauptsache obligate Anaëroben, fakultative Anaëroben und obligate Aëroben unterschieden werden) —, bewirken es offenbar: dass überall, wo diese Organismen an der oxydativen Zerlegung todter Thier- und Pflanzenkörper und thierischer Auswurfsstoffe arbeiten, immer ein Theil des Stickstoffs an die Atmosphäre abgegeben wird. Einmal darf ja nicht vorausgesetzt werden, dass die Nitrobakterien die ganze Menge des von den Fäulnisserregern ihnen zur Verfügung gestellten Ammoniaks und seiner Salze weiterverarbeiten, und zweitens wird ja ein Theil des gebildeten Nitrats (weil wir es in der Natur immer mit Mikrobengemischen zu thun haben) durch denitrificirende Gährungen in Nitrit umgewandelt, die salpetrige Säure wiederum zu Ammoniak und zu freiem Stickstoff reducirt. Indessen fliesst der überflüssige Stickstoffgehalt der Luft — wie ein Blick in die Bilanz des Stickstoffs in der Natur zeigt, — zur Kompensirung des Verlustes der Erde an gebundenem Stickstoff den grünen Pflanzen auf zwei Wegen wieder zu: theils durch die von verschiedenen Mikroorganismen in den Böden bewirkte Fixation des freien Stickstoffs und des in den unteren Schichten der Atmosphäre immer vorhandenen (zu einem bedeutenden Theil aus der Zersetzung mariner Organismen resultirenden) Ammoniaks und seiner in die Luft aufsteigenden oder in dieselbe vulkanisch exhalirten Salze, anderentheils durch das elektrisch gebildete Ammoniumnitrat der Atmosphäre, welches in den feuchten Niederschlägen mit den übrigen Stickstoffverbindungen vereinigt auf die Erde gelangt.

Im Vorübergehen sei es erwähnt, dass die Anaëroben Kohlensäure bei Sauerstoffabschluss abspalten, ein Vorgang, welcher den Atmungsprocess vertritt; dagegen streben die aëroben Formen dem Sauerstoff zu, weil ihnen obliegt, die Stoffwechselprodukte ihrer Lebenshelfer, der anaëroben Organismen, mit dem Sauerstoff der Luft in Verbindung zu bringen, zum Zweck der vollständigen Verbrennung. Hierdurch ist die Vertheilung der Hauptklassen der Bakterien durch die Böden gegeben: die anaëroben Formen lieben etwas feuchtere Erden, während die Aëroben sich in den trockeneren obersten Bodenschichten ansiedeln (beispielsweise die Nitrobakterien). Daher gedeihen anaërobe, den freien Stickstoff der Luft assimilirende Bakterienvegetationen nur dann in gut durchlüfteten Böden, wenn sie in Symbiose, in Gesellschaft gewisser durch einen starken Sauerstoffverbrauch charakterisirter Formen auftreten. Wie ausserordentlich verwickelte Vorgänge sich — dem Auge unbemerkbar — beständig in den Böden abspielen, ermessen wir schon hieran: dass wir lediglich das Schicksal der leichtzersetzlichen stickstoffreichen Eiweisskörper (Proteïnstoffe, Albuminstoffe) verfolgt haben, ohne die ebenfalls von Bakterien durchgeführte Fettspaltung (auf welche die Bildung verschiedener in den Stickstoffguanos enthaltener organisch-chemischer Verbindungen zurückzuführen ist, und vor anderen die des Petroleums) und den Zerfall der Cellulose (Sumpfgasgährung, Vermoderungs-, Verkohlungsprocesse) zu berücksichtigen. Ja die geringsten Schwankungen in den von einer gewissen Lokalität den Mikroorganismen gewährten Existenzbedingungen verändern sofort das Bild dieser Vielzahl von neben oder nach einander erfolgenden Vorgängen, welche — in einander greifend, — die einzelnen Lebensthätigkeiten zusammen vorkommender Mikroben direkt oder mittelbar fördern, hemmen oder sistiren.

Was nun das Licht anbetrifft, so übt dasselbe im Allgemeinen einen hinderlichen Einfluss aus auf das Wachsthum der Bakterien (mit wenigen Ausnahmen, welche Chlorophyll enthalten); die Nitrobakterien fürchten das Licht, nichtsdestoweniger bewirken sie — obwohl chlorophyllose Organismen, — ihre Synthese aus der Kohlensäure der Luft und anorganischer Verbindungen.

Da wir es nach den angestellten Betrachtungen für ausgeschlossen halten müssen, dass den Nitrobakterien je irgendwo ein kontinuirliches Optimum der Wachsthumsbedingungen von der Natur dargeboten worden ist, weil wir vielmehr die Ueberzeugung aussprechen müssen, dass die Verwesungsvorgänge in keiner Gegend der Welt die ganze nach der Theorie mögliche Salpetermenge schütten, so darf hier in der Erläuterung des

Chilenitratproblems nur von einem Ueberwiegen der nitrogenetischen Tendenz in den vor geologischen Zeiten die organischen Stoffe zerlegenden Spaltungsprocessen die Rede sein. In Hinsicht dann der wechselseitigen Beziehungen der Schimmelpilze, Hefen und Bakterien unter einander und zu den ihnen verwandten Algen, und in besonderer Hinsicht des Abhängigkeitsverhältnisses unter verschiedenen Bakteriengruppen, — welche Verhältnisse sich wegen des Vorkommens der die Geologen vorzugsweise interessirenden Bakterien in Mikrobengemischen höchst verwickelt gestalten und daher nur in vergleichsweise sehr wenigen Fällen genau haben verfolgt werden können: so scheint uns hierin und in der enormen Anpassungsfähigkeit dieser winzigsten Organismen und ihrer Wandelbarkeit in bezug auf die von ihnen verrichtete geochemische Arbeit für die Freunde dieser Studien eine Warnung zu liegen vor wohlfeilem Theoretisiren und Analogisiren in den Specialissimis. Es hat für uns nichts Ueberraschendes oder Unverständliches mehr: dass nicht überall dort, wo abgestorbenes organisches Material der Fäulniss anheimfällt, Salpeterbildung erfolgt, da wir wissen, dass die Nitrifikation nur an solchen Stellen eingeleitet und durchgeführt werden kann, — wo die Erreger der Salpetersäuregährung ihren Lebensanforderungen entsprechende Bedingungen vorfinden, die ihnen sich anzusiedeln erlauben, sich gedeihlich zu entwickeln und sich lebhaft zu vermehren.

In Zukunft muss denjenigen, welche die Forderung unserer Zeit, sich mit dem Gegenstande dieser Verhandlung bekannt zu machen, nicht haben erfüllen können, Gelegenheit geboten werden, die Gesammtheit der auf dem von den Geologen noch wenig angebauten Felde beobachteten Erscheinungen mit freiem Blick zu umfangen. Inzwischen eilen wir, die Unermesslichkeit der kontinuirlichen Mineralschüttung durch die mannigfaltig verketteten Lebensthätigkeiten der allgegenwärtigen Mikroben in einer kurzen Uebersicht etwas zu verfolgen.

Um die Versündigungen der geologischen Litteratur — auch nur derjenigen der letzten zehn Jahre — gegen die von uns in dieser Kompilation gewürdigten Wahrheiten, um jede Missachtung des unbenützt gelassenen Besitzes im Einzelnen nachzuweisen und zu verbessern, dazu erforderte es wohl eines starken Bandes, und die Fülle des Stoffes verbietet uns schon, etwas tiefer einzudringen in die neuesten Errungenschaften, geschweige denn in die hochinteressante Geschichte der Gährungswissenschaft und im Besonderen der in der Zymurgie wurzelnden Erkenntniss des Mechanismus der oxydativen Spaltungen der organischen Stoffverbindungen und der Nitrifikation. Aber wir wollen uns im folgenden Abschnitt hier und dort wenigstens einen Augenblick an die Vergangenheit halten, da selbst der kürzeste historische Rückblick unter Umständen gewinnbringend ist für das Verständniss der Lehre von den physiologisch-chemischen Bedingungen der Bildung von Mineralien und Gesteinen (oder Gebirgsgliedern) durch die unmittelbare und ausschliessliche Einwirkung von zymogenen Organismen oder durch mikrobische, namentlich bakteriell biologische Einflüsse als mitwirkende geologische Faktoren.

Ueber die gedachten geozymischen Phänomene liegen aus den Wüsten und Steppen Nordchiles und Boliviens noch keine Untersuchungsresultate vor; aber die logische Entwicklung der geochemischen Lehre im gegenwärtigen Jahrhundert von den mineralchemischen Primitien bis zur Kulmination in der zymologischen Erläuterung geogenetischer Phänomene benimmt uns jeden Zweifel an der Existenz von Mikroben in den bezeichneten Gebieten, zahlreicher Mikroorganismen sogar, welche den bereits untersuchten und für geologisch höchst wirksam erkannten Formen an praktisch geologischer Leistungsfähigkeit sicherlich nicht nur nichts nachgeben werden, sondern vielleicht sogar noch übertreffen dürften.

Auf den Einwurf eines Freundes: »gegen die Berechtigung der von Ihnen aufgestellten Frage lässt sich sicherlich nichts einwenden. Ich sehe nur nicht recht, wie sich der Fall (die Erzeugung des Chilesalpeters durch Nitrobakterien) direkter Beobachtung zugänglich machen lässt. Heute die Mikroben in den Wüsten suchen zu wollen, hiesse doch wohl, das Fernrohr zu früh mit dem Mikroskope vertauschen,« welche Einwendung die Meinung vieler tüchtiger Naturforscher wiederspiegelt, weiss ich keine andere Antwort — als den Hinweis auf das in diesen Blättern zusammengetragene Material . . . . und wer würde heutigen Tages von den Vorkommnissen kohlensauren Alkalis im sumpfigen salzigen Gelände oder durch den auffälligen Gehalt gewisser Quellwässer des Binnenwüstenlandes an den interessanten Begleitsalzen des Natronsalpeters — an jodsauren und bromsauren Verbindungen wohl nicht angeregt werden: die geologische Thätigkeit von mikroskopischen Pilzen und Algen in den stehenden und fliessenden Gewässern, in den heissen Quellen und — in den urbaren Steppenböden zu muthmassen! in der wüsten Einöde und in der wilden Bergeinsamkeit die Existenz von Mikroorganismen vorherzusehen, — und wollte er nur das Eine zugeben, dass die Mikroben im lethargischen Zustande der Aenderung der Bedingungen harren, welche ihre Lebensthätigkeit unterbrechen.

Wenn es uns gelingt, die aus dem geologischen Studium der verschiedenen Salpetervorkommnisse und der älteren halochemischen Technik geschöpften allgemeinen Gesichtspunkte ohne Zwang in Uebereinstimmung zu bringen mit den Ansichten, welche die modernen Physiologen und Agrikulturchemiker gutgeheissen haben, so steht es nach Menschenwissen schon jetzt in unserer Macht: uns eine zeitgemässe Vorstellung zu machen von einem auf die Fäulniss und Verwesung pflanzlicher und thierischer stickstoffhaltiger organischer Substanzen beruhenden Vorgang der Chilesalpeterbildung. Wir werden folgern dürfen, dass dieser für so sehr problematisch gehaltene Nitrifikationsprocess ein intrakontinentaler Vorgang war, der unter keinen Umständen für eine Massenproduktion von Nitrat aus mächtig aufgestapelten proteïnhaltigen Resten des organischen Lebens ausgegeben werden darf, — und dass der Gedanke fern bleiben muss, dass dieser Process sich auf den heutigen Salpeterlagerstätten selbst abgespielt habe. . . . Wenigstens was die theoretische Erläuterung des Nitrifikationsprocesses anbelangt, so ist über diese Frage und verwandte Probleme durch still vorübergehende unbeirrte Forschungen vor den Freunden der Steppen- und Wüstengeologie so helles Licht ausgegossen worden, dass der Schwerpunkt in der Betrachtung dieser Phänomene der Vorzeit eine endgültige Verschiebung erfahren hat von rein (anorganisch-)chemischen auf biologisch-chemische Gesichtspunkte.

Das riesige Hinterland im Osten der heutigen Salpeter- und Salzkantone mit seinen Vulkanen, seinen Mineralquellen und Salzdepots verschiedener Zusammensetzung ist ohne allen Zweifel ein lohnendes Arbeitsfeld für die mit halogenetischen Studien, engverwandten Bakteriologen. Unberührt liegt es da! Für den besonderen Zweck bedürfte es freilich eigens ausgedachter Untersuchungsmethoden . . . . und die Sache ist unter allen übrigen Gesichtspunkten schwierig. Aber ganz unfraglich dürfte man von einem solchen Unternehmen interessante Bereicherungen für die Geozymologie, für die chemische Geologie erwarten. Es ist sogar erlaubt, sich ein Zukunftsbild auszumalen, das neben dem die Herde furchtbarer Epidemien und die Böden wenig bekannter Gebiete untersuchenden Forscher auch den Bakterienzüchter zeigt, wie er im Verein mit geistesverwandten Geologen und Chemikern sein ambulantes Laboratorium vom Meeresgestade durch die Wüsten und Steppen bis in die Wildniss der Andenvulkane hinaufrückt . . . . Das hiesse allerdings, modernste Geologie treiben!

Ohne alle Untersuchung steht es auf Grund einer philosophischen Betrachtung fest: dass die Feuerberge seit dem Beginne ihrer Aufschüttung von Wucherungen felszerstörender Mikroben überzogen worden sind; und es bedurfte wahrlich nicht der Auffindung koprophiler Bakterien, um zu beweisen, dass schon zur Permzeit die thierischen organischen Auswurfsstoffe von Bakterien zersetzt wurden. —

Wie anders verlaufen nicht die von organischen Kräften bestimmten chemischen Reaktionen mineralbildender Processe in Wirklichkeit, als man in der Erläuterung der (nicht als solche erkannten mikrobischen physiologisch-chemischen) Phänomene, auf anorganisch-chemische Grundsätze pochend, im allgemeinen zu folgern pflegt! Die unzutreffenden Vorstellungen, welche in wissenschaftlichen Abhandlungen über Gegenstände der gährungschemischen Geologie offenbart werden, dürften nun ihren Ursprung vornehmlich in der Gepflogenheit der Autoren haben, die Lehrbücher der Geologie von gährungswissenschaftlichen Definitionen (selbst der grundlegenden Begriffe) überhaupt zu entlasten. Indessen geschieht dieses heute doch wohl nur konventionell, indem etwas absolut Unbestreitbares einer umständlichen Erklärung nicht mehr bedarf, und man ohne Schaden zu verursachen: die mikroskopischen Erreger dieser Vorgänge ungenannt, unerwähnt lassen mag — wenn man die Bedingungen genau kennt, unter welchen die einzelnen biologisch-chemischen Processe in der Natur ausgelöst werden; erfolgen doch die Funktionen der Mikroorganismen nach denselben physikalischen und chemischen Gesetzen, welche die Umsetzungen und Bewegungen im unorganischen Reiche bestimmen.

Die Erscheinungen, welche an den mikroskopischen Pilzen wahrgenommen werden, sind nun von besonderen Bedingungen abhängig, da sie auf chemischen Umsetzungen der Bestandtheile der organisirten Substanz selbst beruhen.

Unsere Voreltern, die von diesen Dingen noch nichts wussten, — wenngleich sie merkwürdige dunkle Ahnungen von denselben hatten —, haben beispielsweise den chemischen Verlauf des salpeterbildenden Bodenvorganges — als aus der Fäulniss organischer Substanzen entspringend und über die Bildung von intermediärem Kalksalpeter gehend — absolut richtig erklärt. Sie hatten eben nicht ihren Geist befragt, sondern sich auf's Beobachten gelegt — und der Natur schliesslich ihr Geheimniss, ihr Verfahren abgelauscht; daher finden wir ihre Angaben vollkommen im Einklange mit den wissenschaftlichen Neuentdeckungen der Bakteriologen und Gährungschemiker. Was nun die Salpeterkultivatoren anbetrifft, so wussten sie unter anderem: dass der Salpeter eine »matricem haben müsse, welche mit einer terra calcaria versehen sei«, und sie gewannen den »vollkommenen Salpeter« durch Hinzufügung kohlensaurer und schwefelsaurer Alkalien zu den Laugen des »rohen« oder »wilden« Salpeters (das »gemeine Salz« däuchte ihnen zu diesem Endzwecke etwas zu kostbar«); ferner war ihnen der hinderliche Einfluss der Wucherungen von Schimmelpilzen, Schwämmen, auf den Gang der Nitrifikation bekannt. . . . Alles empirisch erlangte Kenntnisse von Naturvorgängen, deren Grundursache (wie wir uns erinnern), zuerst von A. Müntz im Einzelnen nachgewiesen worden ist.

Uebrigens wird kein mit den Bedingungen der Salpeterbildung aus den Resten des organischen Lebens, kohlensaurem Kalk und Alkalisalzen Vertrauter auf die Vermuthung gerathen können, die Nitrifikation werde gerade von Alkaliböden begünstigt, — weil dem alle Erfahrungen widersprechen.

So ist denn für die Erläuterung der angedeuteten Naturvorgänge der jeweilige Stand der Gährungschemie als Hülfswissenschaft der Geologie massgebend. Jedoch, dass »einer neuen Wahrheit nichts schädlicher ist, als ein alter Irrthum,« das erkennt man an dem ablehnenden Verhalten der Mehrzahl der Gebildeten gegen die neuen Gesichtspunkte. Aber freilich ist die Bakteriologie eine sehr junge Wissenschaft, deren Beziehungen zur lithogenetischen Geologie dem grossen Publikum unseres wissenschaftlichen Theaters unbegreiflich erscheint, weil es über den Zusammenhang der Naturerscheinungen nicht genügend unterrichtet ist, weil es mit dem — was es bruchstückweise aufgelesen über die eigenthümlichen Wirkungen der Mikroben — nichts rechtes anzufangen weiss. — Wir wollen jetzt die Beziehungen, welche die organischen Kräfte mit den gewöhnlichen physikalischen und chemischen Kräften beständig unterhalten, um komplicirte geologische Phänomene hervorzubringen, die man im allgemeinen für willkürlich ausgelöste einfache anorganisch-chemische Processe hält, von einer höheren Warte aus betrachten.

In der That ist es schon garnicht möglich, über die Erfassung der Ursache und des Wesens der in den Böden geschehenden fauligen und Salpetersäure-Gährungen hinaus — die in Sümpfen und Gewässern, im Meeres- und Seeschlamm erfolgende Entwicklung von Gasen (wie von Ammoniak, Kohlensäure, Schwefelwasserstoff, Phosphorwasserstoff), die Entstehung der Koprolithen, des Ammoniakguanos und der aus den letzteren durch Vergasung, Verflüssigung der organischen Bestandtheile und Auslaugung der Zersetzungsprodukte hervorgehenden Felsphosphate, des Petroleums aus den Fettverbindungen der Organismen, — die Vermoderung, Sumpfgasentwicklung und Entstehung der Kohlen, des weiteren die Bildung von Schwefelmetallen in einer den wissenschaftlichen Anforderungen der Gegenwart genüge leistenden Weise zu erklären, ohne zugleich der specifischen Wirksamkeit bestimmter Bakterien zu gedenken. Ein Gleiches gilt die Entstehung zahlreicher Massenabsätze kohlensaurer und schwefelsaurer Salze, ferner die Morasterzbildung. Die Kenntniss der unausweichlichen Bedingungen, unter welchen diese Gährwirkungen erregt werden, gewährt — ganz unbeschadet der Richtigkeit der reinchemischen Interpretation solcher minerogenetischer Processe in besonderen Fällen — Einblicke in die Bildungsvorgänge sogar gewaltiger Minerallagerstätten, ganzer Gebirgsglieder.

Zur Erzeugung aller derjenigen geologischen Phänomene, welche zum organischen Leben in irgendeine unmittelbare oder mittelbare genetische Beziehung zu bringen sind, müssen Mikroorganismen beigetragen haben, und da gilt die Frage schliesslich sämmtliche phytogenen und zoogenen Sedimentgesteine. Weiter ausholend haben wir unter den Kräften, welche zum Exempel die Bildung des Gesteinsschuttes, des Laterits, welche die aeolische Sedimentation vorbereiten — neben den Atmosphärilien und der niederen Pflanzenwelt auch die mikroskopischen Pilze aufzuführen.

Betrachten wir die von dem Heere der Pilze und Bakterien hervorgerufenen Phänomene im Zusammenhange: verdient da nicht jeder Mikrob, der sich an der Zerlegung der organischen Stoffe betheiligt, der die abgestorbenen pflanzlichen und thierischen Substanzen, den lebenden thierischen Körper angreift, das Interesse des Geologen?! — jeder Mikroorganismus, der aus der Weiterverarbeitung der Produkte des allgemeinen biologisch-chemischen Zerstörungsprocesses der Organismenreste seine Lebenskraft schöpft; jedes niedrigste Lebewesen, das — die aus diesem stetigen Zerfalle hervorgehenden einfacheren Verbindungen zum Aufbau seines Körpers brauchend — durch seinen eigenen Lebensprocess auf Substanzen mineralischen Ursprunges chemisch einwirkt; kurz: sind nicht im Grunde genommen sämmtliche mikroskopische Pilze — als Schimmelpilze, Hefen, Bakterien (zymogene, chromogene und pathogene Bakterien) — geologische Potenzen, indem sie die Kreislaufbewegung der Materie betreiben?!

Die Erzeugung der Salpetersäure aus dem Stickstoffgehalt der grünen Pflanzen und der Thierwelt zum Schlusse noch einmal unter geozymologischen Gesichtspunkten betrachtend: leuchtet es da nicht ein, dass — wo immer und wann immer die Natur Stickstoffspeise für die höheren Pflanzen — Salpeter — erzeugte, — sowohl die Mikroorganismen der Fäulniss als auch diejenigen der Nitrifikation in der Kette der diese stetige Zersetzung durchführenden Organismen ihren Platz unter allen Umständen ausgefüllt haben müssen, um den Chilesalpeter hervorzubringen?! . . . und dieses um so mehr, da alle originellen gegentheiligen Behauptungen über das Wesen des in der Natur weitestverbreiteten Nitrifikationsvorganges auf Täuschungen beruhen, welchen sich die Forscher bei ihren Untersuchungen hinsichtlich der Zuverlässigkeit ihrer Vorsichtsmassregeln hingegeben hatten! . . .

Demnach durften wir, mit dem heutigen durchaus vertrauenswerthen Rüstzeug der massgebenden Naturforschung das Problem angreifend, allerdings hoffen: ihm jenen Hochreiz des völlig Unerklärlichen zu rauben, der ihm — trotz Müntz — noch immer anhaftete und der weiteste Kreise mit hypnotischem Zauber an aprioristische Deutungen fesselt. Die Mineralisirung des Stickstoffs im Chilesalpeter bietet kein geochemisches Geheimniss mehr dar. Eine Option für unbegreifliche fermentartige, physikalische und anorganisch-chemische Bodenwirkungen als Ersatz für das wunderbar planvolle Zusammenspiel reducirend und oxydirend wirkender organischer — bakterieller — Kräfte ist jetzt gleichbedeutend mit Selbstverbannung aus dem Kreise der exakten Naturforschung. Die Geologen können auf diesem Felde des Beirathes von Externen, der Anleitung durch geniale Pfadfinder auf dem Gebiete der gährungsphysiologischen Chemie nicht entbehren.

Hier angelangt wünsche ich, dass es mir gelungen sein möge, meine Absicht zu erreichen: von der geologischen Lebensthätigkeit der Mikroorganismen meinen Freunden eine höhere Meinung zu erwecken, als die landläufige, nach welcher: die »kleinen Dinger«, welche in den Ackerböden »zur Zerstörung der organischen Substanzen beitragen«, in der Diskussion geologischer Räthselfragen nicht erwähnt werden dürfen.

Die Streitfrage möge nicht weiter verschoben werden, es sei denn man wäre in der Lage, durch Experimente beweisen zu können: dass der natürliche Zerfall der eiweisshaltigen Pflanzen- und Thierreste ein nicht biologischer, nicht bakterieller Vorgang ist. Bis dahin möge man die Mikroben ruhig mit in den Kauf nehmen!

Im Rückblick auf die vorgebrachten Betrachtungen fallen mir die Abschiedsworte Lessing's an den Leser ein:

»Wenn du von allem dem, was diese Blätter füllt,
Mein Leser, nichts des Dankes werth gefunden:
So sei mir wenigstens für das verbunden,
Was ich zurückbehielt.« 8)

---

8. Eine Einleitung in die Geozymologie zu schreiben, wurde nicht beabsichtigt. Wir haben nur das, was gesagt werden musste um einen allgemeinen

Die neuesten Theorien und die dem gegenwärtigen Stande des Naturwissens entsprechende Antwort auf die Frage nach der Entstehung der Chilesalpeter-Lagerstätten.

Ohne Mikroorganismen keine Salpetersäure aus den stickstoffhaltigen Ueberresten des organischen Lebens; — ohne Nitrobakterien kein Chilesalpeter. So weit hat A. Müntz die grosse Räthselfrage gefördert, bis dahin hat er die Wissenschaft geführt: dass es für die Bildung der Salpetersäure sämmtlicher — der unmittelbaren Beobachtung zugänglicher — Nitratvorkommnisse nur eine Erklärung giebt! Ja es ist dem nüchternen mit Thatsachen operirenden Denken evident, dass — analog der Bildungsweise der ungarischen, indischen, aegyptischen, spanischen, nordamerikanischen und der übrigen Vorkommnisse salpetersaurer Salze, des Mauersalpeters u. s. w. — die Salpetersäure der nord-

---

Ueberblick zu geben, vorgebracht, und so verweise ich dankeifrig auf die wichtigste Litteratur, aus welcher ich geschöpft:

Julius E. Thausing: die Theorie und Praxis der Malzbereitung und Bierfabrikation. III. verb. Aufl., Leipzig, 1888, Cap. II, Abthlg. A: die Theorie der Gährung.

W. Migula: die Bakterien, Leipzig, 1891.

A. Mayer: Lehrbuch der Agrikulturchemie. IV. verb. Aufl., Heidelberg, 1895, II. Theil, I. Abthlg. — die Bodenkunde; III. Abthlg. — die Gährungschemie.

C. Günther: Einführung in das Studium der Bakteriologie. Leipzig, 1895.

P. Baumgarten: Lehrbuch der pathologischen Mykologie. II. Aufl., Braunschweig, 1895.

Ausserdem Originalbeiträge oder ausführliche Referate, siehe:

Jahresbericht für Bakteriologie und Parasitenkunde,

Jahresbericht über die Fortschritte in der Lehre von den pathogenen Mikroorganismen,

Naturwissenschaftliche Rundschau,

Berichte der deutschen chemischen Gesellschaft u. a. naturwissenschaftliche Zeitschriften.

chilenischen Salzlager ein von Mikroorganismen secernirtes Stoffwechselprodukt sein muss. Eine Grossthat der Natur, vollbracht durch die winzigsten Lebewesen auf die unscheinbarste Weise im Verlaufe sehr langer Zeiten, für deren Bestimmung uns der chronometrische Massstab fehlt.

Es sind somit zwingende Gründe, die uns dahin treiben: uns bei den Gährungschemikern, Bakteriologen, Agrikulturchemikern zu Gast zu laden, — überzeugende Motive, die durch kritische Velleitäten nicht erschüttert werden können.

Wir haben uns darüber unterrichtet, dass Müntz zwei Kardinalfragen mit unwiderleglicher Sicherheit beantwortet hat: welche Stelle nimmt das nordchilenische Salpeterphänomen in einer zusammenhängenden Reihe von Naturerscheinungen ein? und wie erfolgte die Bildung des Natronsalpeters? — Mit der dritten Fundamentalfrage: — welchem unvermeidlichen Naturzwange gehorchend, entstand die ungeheure Massenablagerung von salpeterhaltigen Salzgemischen in Nordchile in den Wüstenprovinzen Atacama und Tarapacá? — werden wir uns im Folgenden beschäftigen.

Da nun mein Urtheil in dieser Frage nicht ausschliesslich auf Bücherwissen beruht oder auf einseitiger Betrachtung der Calichelagerstätten allein, sondern weil dasselbe durch eine unbeeinflusste Anschauung weiter Steppen- und Wüstengebiete gefestigt ist, so beanspruche ich das Prärogativ: die Ueberlieferungen entwirren zu dürfen, sowohl die vor meinem direkten Umgange mit dem Problem in den Nitratwüsten, als auch die nach dieser Zeit geleistete wissenschaftliche Arbeit »sine ira et studio« auf die Stichhaltigkeit der darin vorgebrachten Behauptungen prüfen zu dürfen.

Wer jedoch — ohne die Verhaltnisse an Ort und Stelle überlegt zu haben — den Verlauf der Nitrifikation und der Lagerstättenentstehung auf grund seiner Büchergelehrsamkeit richtig darstellen zu können hofft, der setzt sich den nicht unbedeutenden Gefahren aus, welche ich durch die Aufzählung der beachtenswerthesten Symptome des in der Speciallitteratur herrschenden Chaos andeuten will.

Es sind Autoren aufgetreten, welche — um die Chilesalpetersäure von der Natur erzeugen zu lassen — oxydirende Gasausströmungen verlangten, während Andere dem Einflusse der atmosphärischen Elektricität die Verbindung des Stickstoffs und des Sauerstoffs zuschrieben; Einzelne redeten der Einwirkung organisirten Sauerstoffs auf atmosphärisches salpetrigsaures Ammoniak das Wort. Wiederum finden wir Gewährsmänner, welche für die Oxydation des freien Stickstoffs der Luft eintreten, und für die Oxydation des atmosphärischen sowie des unmittelbar aus dem Fäulnissprocess herstammenden Ammoniaks. Ferner wurde die Einwirkung vulkanischer Ereignisse auf marine Produkte unter Oxydation des Borsäureexhalationen begleitenden Ammoniaks in Anspruch genommen, und es ist von der Einwirkung faulender mariner Pflanzen auf das morsche natronhaltige Gestein des in Zersetzung begriffenen Küstengebirges geschrieben worden; indessen begnügte sich nur Einer mit der langsamen Eindampfung von Salzseen. Aber mit erdrückender Majorität stimmen Gelehrte und Laien für die aus dem Südwestquadranten einherfahrenden Seeorkane, welche enorme Tangmassen ans Gestade geworfen haben sollen, durch deren Verwesung Salpetersäure erzeugt wurde. Des weiteren hören wir von der massenhaften Salpetererzeugung auf riesigen Binnenlandansammlungen von Guano um Salzbecken herum, — wie denn überhaupt von Guanos des Wüsteninlandes häufiger die Rede ist (die jedoch in genetischer Hinsicht vollkommen verkehrt gedeutet zu werden pflegen). Noch einmal kommen die Südwestwinde zu Ehren bei einer cyklonischen Aufbereitung des Seevogelguanos der Küste, der durch die Windwirkung in zwei mineralogisch-chemisch verschiedene Trennungsprodukte geschieden worden sein soll: in den specifisch schwereren und stationaren Phosphatguano und in den specifisch leichteren Ammoniakguano, welch letzterer — von den Sturmwirbeln erfasst, über das Küstengebirge hinweg in die salzigen Lagunenbecken des Binnenlandes eingeweht — den Anstoss zur Nitrifikation gegeben habe. Jedoch muss hervorgehoben werden, dass man der Thätigkeit des fliessenden Wassers schon zu Anfang dieser Forschung eine wichtige Rolle zuerkannte: die Auslaugung der Salze aus dem in Zerstörung begriffenen Gebirge, und im Anschluss hieran die Akkumulation der Salze in Bodenniederungen durch den aufsteigenden Kapillarstrom. Auch ist nachzuholen, dass die Mineralisirung des Stickstoffs der Meeresalgen — ebenso wie des von Säugern und Vögeln herrührenden Guanos nach der Ansicht des einen Gewährsmannes durch bakteriell biologische

Vorgänge, nach der Meinung anderer Gelehrter wiederum durch (nicht näher erläuterte oder überhaupt unverständliche, für die einzelnen Theorien besonders appretirte) Fäulniss- oder Verwesungsprocesse vermittelt worden sein soll.

Eine unangenehme Wahrnehmung für jedermann, der seiner Sache nicht ganz sicher ist, — diese denkwürdige Uneinigkeit in der Auslegung der Kardinalpunkte:

über die Stickstoffquelle der Chilesalpetersäure;

über die Auffassung des innersten Wesens der Nitrifikation (ganz abgesehen von der Meinungsverschiedenheit über die durch dieselbe verursachten rein-chemischen Umsetzungen) — ob dieser Naturvorgang unter allen Umständen für eine ins Gebiet der unorganischen Chemie fallende spontane Oxydation zu erklären sei oder — wenigstens in denjenigen Fällen, wo es sich lediglich um die Erzeugung von Salpetersäure aus abgestorbenen stickstoffhaltigen organischen Substanzen handelt, — für einen Process, der von verschiedenen in Symbiose Hand in Hand arbeitenden Bakterien eingeleitet und durch successive Weiterbehandlung ihrer mikrobischen Stoffwechselprodukte durchgeführt wurde (also für einen nur in seinen Wirkungen chemischen Process);

über die Nothwendigkeit der Mitwirkung verschiedener, denkbarerweise die Nitratbildung ermöglichender, vorbereitender, einleitender Phänomene — und

über die direkte Provenienz und das geologische Alter der Salze, welche die Natron- und Kalibasis und die Begleitsalze des Chilesalpeters stellten;

Uneinigkeit schliesslich über den geologischen Zeitumfang der Aera des in Frage stehenden Nitrifikationsprocesses . . .

Durch diese ausserordentlichen Differenzen in den Meinungen wird (namentlich im Hinblick auf die Popularität der Algentheorie Nöllner's) eine tiefliegende Unsicherheit aufgedeckt. Es bedarf in der That einigen Umganges mit der sichtbaren Natur der Salpeterherde und einiger theoretischer Vorbereitung, um auf feste Grundlagen bauen zu können. — Wem erschiene da die Aufgabe nicht lohnend, durch zwanglose Erklärung der geochemischen Steppen- und Wüstenräthsel die Frage der Entscheidung näher zu bringen: ob überhaupt oder in wie weit wenigstens unsere derzeitige Kenntniss von der geologischen Entwicklung der

Salpeterprovinzen und ihres andinen Hinterlandes es gestattet, das von drei Forschergenerationen verdunkelte weitere Problem der Chilesalpeterbildung aufzuhellen?! . . . Im steten Werden der Wissenschaft konnte es sich im Hinblick auf die mangelhafte geologische Untersuchung der weiten Gebiete und die Unklarheit über die Natur des gewöhnlichsten Nitrifikationsvorganges nur um die Erlangung einer während einiger Zeit für fehlerfrei geltenden Synthese des Phänomens handeln, indem die Erklärungsversuche — durch die Umstände bedingt — einen mehr oder weniger dilettantischen Charakter tragen mussten. Indessen verdient der aus so sehr verschiedenen Theorien hervorleuchtende Muth der Ueberzeugung volle Anerkennung und richten die Ausschreitungen eines überscharfen Kritikers sich selbst. Es trifft für das Ganze dieser Bestrebungen — bis zum Jahre 1894 — das Wort Göthe's zu: dass es in wissenschaftlichen Dingen schon nützlich sei, jede einzelne Erfahrung, ja Vermuthung öffentlich mitzutheilen . . ., und so haben auch diejenigen Theorien indirekt (durch Anregung zum Nachdenken) zur Auflösung des Räthsels mitgewirkt, deren Beweiskraft bei einer gründlichen Analyse darin zusammenschmilzt: dass der Chilesalpeter aus vorwaltendem Natronnitrat neben Kali- und Kalknitrat besteht und zusammen vorkommt mit verschiedenen theils konstanten, theils accessorischen Begleitsalzen in den unregelmässigsten Mischungsverhältnissen.

Rufen wir uns die im ersten Abschnitte gedachten Untersuchungsergebnisse Landolt's aus dem Jahre 1886 zurück!

Im Jahre 1893 veröffentlichte A. Müntz zusammen mit H. Coudron über die Ammoniakgährung die Resultate ihrer neuesten mit sterilisirten Bodenarten angestellten Versuche über Ammoniakgährung: dieselben bestätigen, dass die Ammoniakbildung in den Böden nur unter dem Einflusse von Mikroben erfolgt. . . .

Wenn sich die Salpeterschriftsteller hierauf bemühen möchten, ihre Schlüsse über den Mechanismus des fraglichen Nitrifikationsvorganges auf keine andere Weise zu ziehen, als aus beobachteten Thatsachen, so kann die jeweilen im Uebrigen bestehen bleibende Täuschung auf den ferneren Gang dieser Räthselforschung unmöglich mehr verhängnissvoll einwirken. Dann wird es — soweit überhaupt auf Grund der Plausibilität erkannt werden darf, — stets ein Leichtes sein, auf unmittelbarer Anschauung der

Natur beruhende verfehlte Deutung der Dinge Vollkommnerem anzupassen, der Summe der bereits erkannten immer neue unumstössliche Thatsachen hinzuzufügen.

Wir haben wiederholt darauf hingewiesen, dass in naturforschenden und naturliebenden Kreisen das Verständniss des kausalen Naturzwanges in der Einleitung und Durchführung zahlreicher geochemischer beziehungsweise geodynamischer Processe durch organische Kräfte, durch mikroskopische Pilze, dass der Umfang und die Bedeutung der Lebensthätigkeit namentlich der ohne Unterlass ringsumunsherum wirkenden zymogenen Bakterien philosophisch noch immer nur recht wenig erfasst wird. Im Wesen der Frage aber lag es begründet, dass es nicht erst der Specialarbeit Müntz' über die Entstehung der Natronsalpeterlagerstätten bedurfte, um die Agrikulturchemiker von der führenden Rolle der Bakterien unter den zur Hervorbringung dieses grossartigen Phänomens zusammenspielenden Kräften zu überzeugen. Wer aber vor einem anders zusammengesetzten Forum die Ansicht ausspricht, das chilenische Salpeterproblem sei hinsichtlich seines geochemischen Geheimnisses bereits vor Jahren richtig gestellt worden durch die Förderungen der Gährungschemie, der überzeugt sich bald, dass zwanzig Jahre der Vervollkommnung des zymologischen Naturwissens noch nicht genügt haben, um selbst nur den kleinen Verein der Specialforscher zu einer gründlichen Selbstunterrichtung über den Kern der Sache zu verpflichten. Daher nahmen Le Feuvre und Dagnino eine Ausnahmestellung ein, als sie sich zu der zymologischen Erklärung des grossen Nitrifikationsgeheimnisses bekannten 9). Indessen muss erwähnt werden, dass diese Autoren Agrikulturchemiker sind!

Kurz hierauf, im Jahre 1895, wurde das, was unsere kleine Gemeinde von den auf Bakterienwucherungen beruhenden geologischen Effekten zu wissen glaubte, durch den Ausspruch eines Gelehrten zu einer Monomanie degradirt; merkwürdigerweise durch den Ausspruch eines Phytobiologen. . . . Achtzehn Jahre nach der endlichen Erforschung des in der Natur irgend einen Salpeter durch Gährung hervorbringenden Processes, eines der fundamentalsten der geologischen Chemie, — nachdem ein und ein halbes Jahrzehnt der allmählichen Befestigung der bakteriell

---

9) Vergl »El salitre de Chile«, Santiago de Chile, 1893.

biologischen Erläuterung der nitrificirenden Bodenvorgänge verflossen war: bezweifelte Otto Kuntze »die Nothwendigkeit der Mikroorganismen bei der Salpeterbildung.«[10]) »Wenn diese im Stande wären, Salpetersäure zu veranlassen, so müsste der Salpeterprocess ein weitverbreiteter sein. Aber dies passt nicht zur Bildung des natürlichen Salpeters in erheblichen Mengen.« Da Pflanzen nach der Meinung dieses Gewährsmannes »so stickstoffarm sind, dass sie niemals in natura Salpeter liefern,« so hält er die von den Guanacos und Llamas und deren Verwandten in der Diluvialzeit »auf steinigen Boden oder Wegen in der Nähe von Bächen auf Miststellen, nur auf bestimmten Haufen« abgelegte Losung dieser Thiere, — »deren reinlichen Gewohnheit wir die Entstehung des Chili-Salpeters verdanken« —, für die allein diskutable Salpetersäurequelle. »Durch den Genuss von Salzwasser dürfte wohl der Lama-Mist und Urin schon im Leibe salpeterhaltig werden« — u. s. w. Diese Proben genügen, um zu erhärten, dass gegen die Art und Ausführung der Kuntze'schen Hypothesen Widerstand erhoben werden muss. Man stolpert sozusagen über Unrichtigkeiten inbezug auf agrikulturchemische, beziehungsweise geozymologische Dinge in den weiteren Ausführungen Kuntze's; uns aber interessirt vornehmlich das Eine: wie der Autor zu falschen Voraussetzungen und zu so falschen Schlussfolgerungen gelangen konnte.

Kuntze urtheilt nicht auf Grund eigener Beschäftigung mit der gährungschemischen und bakteriologischen Litteratur, sondern gestützt auf eine von Dr. Huth[11]) citirte Vermuthung Frank's[12]): dass bei der allgemeinen Oxydation des Ammoniaks im Erdboden gerade dieser und nicht die Mikroorganismen das Thätige seien, — ein anorganischer Process, vergleichbar der nitrificirenden Wirkung, welche Platinschwarz zeigt! . . . Dem Dr. Huth waren die von uns herangezogenen Resultate Schlössing's und Müntz', auch Landolt's unbekannt geblieben; Herrn Kuntze jedoch entging ferner alles was seit 1886 bis 1894 entdeckt und öffentlich verhandelt worden ist, was im

10) Vergl. Geogenetische Beiträge. Leipzig, 1895, pp. 18—23 (Entstehung des Chilesalpeters).

11) Vergl. über die Einwirkung der Organismen auf die Bildung der Mineralien. In Sammlg. naturw. Vorträge, Berlin, 1888, pp. 9—11.

12) Ber. d. deutsch. botan. Ges. Bd. IV. p. C X VII.

gleichen Masse dem halogenetische Studien treibenden Botaniker wie dem Geolog Freude am Verständniss der zymischen minerogenetischen Phänomene hätte erwecken können.

Man erkennt an dem Beispiele Kuntze's, dass die umfangreiche gährungschemische und bakteriologische Litteratur für den mit ihren Hauptgegenständen Ungewohnten unter Umständen recht unbequem werden kann, weil sie infolge der raschen Ueberholung der unhaltbaren Aufstellungen im bunten Wechsel und Aufeinanderfolge von Vorschritt und Rückfall in der Herausbildung der modernen Anschauungen während der letzten vierzig Jahre reich geworden ist an verhängnissvollen Klippen — für alle diejenigen, welche sie ohne Kenntniss der Entwicklungsgeschichte der Zymologie in der Diskussion geologischer Probleme willkürlich konsultiren. Freilich ist die Unbekümmertheit der auf die Lösung geochemischer Räthselfragen ausgehenden Forscher um die Errungenschaften, deren wir im Vorübergehen im zweiten Abschnitte gedachten, nicht entschuldbar, indessen begreiflich: sind doch die Nicht-Bakteriologen und Nicht-Gährungschemiker vorläufig noch immer gezwungen, aus dem den Unvorbereiteten schwer verständlichen und auch schwer zugänglichen Bücherschatze mehr oder weniger auf gut Glück zu schöpfen. Es fehlt an einer für weitere Kreise allgemein verständlichen Beleuchtung der Quellen in einer übersichtlichen Bearbeitung des zymologischen Materials, das ja auch zum Vortheil der Geologen, des Lagerstättenmannes, gehäuft wird. Vorläufig entbehren wir noch immer einer Einführung in das zymologische Kapitel der Geochemie. Der Mangel an einem Vademekum durch dieses wichtige und reizvolle Grenzgebiet ist inzwischen fühlbar geworden: der Uneingeweihte geräth, wie wir soeben wahrnehmen mussten, leicht auf Irrwege schon beim Befragen der um zehn bis fünfzehn Jahre zurückdatirenden Litteratur. — Nun sind die Bereicherungen der Geologie durch die Gährungschemie von den Geologen durchaus nicht übersehen worden; in der That zählen wir schon einige Werke (wie Johannes Walther's Einleitung in die Geologie), einige verstreute Aufsätze und Referate, in welchen die Betheiligung von Bakterien an mineralerzeugenden Naturprocessen von Geologen rückhaltslos anerkannt wird. Allein der Anfänger, der Dilettant, der Gelegenheits-Geolog kann aus derartigen Beiträgen, in welchen die Verfasser mit den Bakterien als bekannten Grössen rechnen, keinen Gewinn ziehen. — Was ist zum Beispiel von den rühmend erwähnten Entdeckungen Müntz' in das grössere Gebildetenpublikum gedrungen?! In den neuesten Lehrbüchern der Geologie ist in der That hier und da schon die Rede von seinen felszerstörenden Bakterien; dagegen verlautet von der eminent wichtigen Rolle, welche unter den organischen Kräften namentlich die Nitrobakterien in der Oekonomie der Natur spielen, noch immer fast garnichts. Aber genau genommen, so dürfte es eigentlich niemandem mehr ein Geheimniss sein: dass von der gemeinsamen Arbeit der Geologen und der Gährungschemiker die gründliche Aufhellung noch vieler geogenetischer Probleme erwartet werden darf. Vielleicht gilt auch hier, was nach Göthe bei so vielen andern menschlichen Unternehmungen gilt: dass nur das Interesse Mehrerer auf einen Punkt gerichtet etwas Vorzügliches hervorzubringen im Stande sei, — sodass es vielleicht dem engeren Bündnisse der bezeichneten Forschergruppen vorbehalten geblieben ist, mehrere geologische Geheimnisse aufzudecken, deren wirklicher Tiefe wir uns noch nicht inne geworden sind . . .

Was dann den Erklärungsversuch Kuntze's im Uebrigen inbezug auf die hier citirten Gedanken des Reisenden anbetrifft, so ist derselbe offenbar viel zu exklusiv. Es leuchtet ohne weiteres ein, dass er mit Unrecht so gering denkt von der natürlichen Salpeterproduktion aus todten Pflanzenkörpern, wenn man sich der interessanten Untersuchungen Demoussy's erinnert, durch welche nachgewiesen worden, dass die während trockener Zeiten abgestorbenen Pflanzentheile ihren — als Reservestoff in der Form von Nitraten in ihren Organen aufgespeicherten — Stickstoff zurückhalten, während in einer feuchteren Periode die so ausserordentlich löslichen salpetersauren Salze den Blättern, Wurzeln, Stengeln durch das Wasser sofort entzogen werden, da kein lebendes Protoplasma mehr vorhanden ist, welches die Nitrate »mit seiner der chemischen Affinität vergleichbaren Energie« zurückzuhalten vermöchte. Es leuchtet ohne weiteres ein, dass während der die Chilesalpetersäure erzeugenden Aera die ganze Flora und die ganze Fauna — den Nitrobakterien genau ebenso wie in der Gegenwart tributair, — den salpeterbildenden Process versorgt hat. Es ist keine Frage, dass der nordchilenische Salpeter zu einem nicht unbedeutenden Theile von untergegangenen Vegetationen abgeleitet werden muss. Der geringste Wasserabfluss aus vegetabilischen Erden entzieht diesen beständig Nitrate. Der von Klimaschwankungen im Sinne der Untersuchungsresultate Demoussy's geübte Einfluss ist inbezug auf die hier in concreto zu nehmenden Verhältnisse der erdgeschichtlichen Vergangenheit der nordchilenischen und bolivianischen Hochsteppen sofort ersichtlich, wenn man an die dortigen Funde unter Flugsand und Flugstaub bedeckter Dörrleichen von Mimosen denkt, — derselben, von welchen das Gerücht durch die Litteratur umgeht, dass sie halb verkieselt seien. [13])

Zum Abschied von diesem interessanten Gegenstande wollen wir auf die Erzeugung des künstlichen Salpeters durch unsere Voreltern einen Blick werfen. Die Salpetersieder, die alten Empiriker der Salpeterkultur, gaben den rascher verweslichen Substanzen aus dem animalischen Reiche freilich den Vorzug, indessen verwendeten sie zur Erzeugung des Salpeters aus dem vegetabilischen Reiche: Kräuter, Unkraut, Küchenkräuter, Laub, Stengel, Sprösslinge, Bohnen-, Buchweizen- und Erbsenstroh u. s. w., faules Obst, faule Kürbis und faule Rüben u. s w. und »alle anderen faulenden Dinge aus dem Gewächs-Reich«. Ferner erfahren wir aus des Herrn »Georg Ernst Stahl Allgemeiner Grunderkänntniss der Gährungskunst«, dass an der Unterelbe Meeresalgen zur Düngung der Gartenerde untergepflügt wurden, wodurch der harburger Salpetertechniker C. Nöllner vielleicht in seiner Meinung bestärkt, möglicherweise darauf gebracht wurde: dass die Bildung der Chilesalpetersäure auf die Transformation des Algenstickstoffs zurückzuführen sei.

. . . Mit gutem Recht erachten wir die Ergebnisse der von Autoritäten auf dem Gebiete der physiologischen Chemie nach den neuesten Methoden und mit den neuesten Mitteln mit der grössten Exaktheit ausgeführten Untersuchungen für festerkannte Thatsachen, mit denen der Geolog zu rechnen hat. Indessen muss alles, was auf diesem weiten Felde über die Grenze der Anregung hinausliegt, dem kritischen Takt des einzelnen Forschers überlassen werden.

*

*

13. Das so called fossil wood auch dead wood der englischen Autoren = leña en estado semi-fosil der Spanier = auf deutsch: quasi — versteiner-

Damit zum Ernsten sich das Heitere geselle, hat J. A. Silva von der komischen Ernsthaftigkeit Einiges mitgetheilt, mit welcher die Bedeutung eines weiblichen Emaille-Medaillonbildnisses aufgebauscht worden, das auf dem Salpeterfelde von San Jorje de Perea in einer Teufe von 2,75 m in einer normal ausgebildeten Caliche-Schicht vollkommen von Salpeter umschlossen im vorigen Jahre beim Abbauen des Flötzes entdeckt wurde. [14] — Man hat in der Salpeterregion von Iquique demnach in Erwägung gezogen: ob das Bild (Emaille auf Kupfer) nicht vielleicht Kunde gäbe von der vormaligen Existenz einer bisher unbekannten hochcivilisirten Rasse, welche lange vor dem Anrücken der Konquistadoren, — ja Hunderttausende von Jahren vor der Entstehung der Salpeterlagerstätten in Südamerika einheimisch —, die Emaillekunst in den Salpeterherden ausübte. Unser Gewährsmann aber fand in der Haartracht und im Schnitt des Gewandes, welches das Frauenbildniss zeigte, Anklänge an die Mode, welche um das Ende des XV. Jahrhunderts in Spanien herrschte. Dieser Meinung, dass ein Geschmeide aus dem XV.—XVII. Jahrhundert vorliegt, kann ich beim Betrachten der vorzüglichen, in natürlicher Grösse ausgeführten Photographie des Bildes (welche ich der Güte des Herrn W. Hansen-Iquique verdanke) aus zwei Gründen nicht beistimmen: einmal dürfte das unter so merkwürdigen Verhältnissen gefundene Medaillonbild, dessen Einzelheiten mich an die Tracht während der romantischen Epoche zu Anfang unseres Jahrhunderts erinnern, nach dem Urtheil einer Autorität im Kunstgewerbe höchstens um das letzte Drittel des XVII. Jahrhunderts gefertigt worden sein, — dann aber darf nicht ausser Acht gelassen werden, dass die eigentliche Emaille auf Metalle erst zu Anfang des XVI. Jahrhunderts entdeckt worden ist. . . . Wir haben es somit offenbar mit einem Andenken aus dem XVI.—XVIII. Jahrhundert zu thun, welches, — von einem Wüstenreisenden verloren, — von einer aus den Anden in den alten Trockenstrassen plötzlich in die Hochebene zwischen Anden und Küstengebirge hereinbrechenden »avenidas« (katastro-

---

tes Holz, welches in sogenannten Holzminen vorkommend, im Betriebe der Salpetersiedereien und Hüttenetablissements u. s. w. erschöpft worden ist. Jetzt wird nur noch wenig gefunden.

14. »El Medallon de San Jorje de Perea«; gezeichnet 24. Oktober 1895; vorliegend im Ausschnitt aus der Zeitung »El Tarapaqueño«, Iquique.

phischen Wildwasserergüssen) erfasst, in das von den Fluthen überzogene Calichebecken eingeschwemmt wurde, wo es der durch die Verdunstung des Wassers sich wieder ausscheidende Salpeter einhüllte. Bekanntlich werden diese in dem grossen Längsthal vornehmlich als »avenidas de lloclla: (lloclla, eine Quichua-Vokabel, bedeutet Schlamm) als von Salzen geschwängerte Schlammströme auftretenden Wildfluthen zuweilen den Salpeterwerken gefährlich; im Winter 1894 fügten sie namentlich unter 25—26 ° S. Br. den Eisenbahnbauten bedeutenden Schaden zu.

Konnte die Theorie Kuntze's nicht befriedigen, so verdient die Ansicht seines wissenschaftlichen Antipoden, des Dr. William Newton, wenn auch keine rückhaltlose Zustimmung, so doch einigen Beifall. [15])

W. Newton spricht das aus, was einige hundert Nicht-Zymologen glauben; Dr. Kuntze's Voreingenommenheit gegen die Bakterien, die Erhalter des organischen Lebens auf der Erde, wird jedoch von Hunderttausenden getheilt; aber noch immer sprechen und schreiben Millionen Gebildete die Ansicht C. Nöllner's [16]) gedankenlos nach, — welcher zufolge der Chilesalpeter, durch die Verwesung von Meeresalgen gebildet, für ein Geschenk des Meeres gehalten wird.

Dr. Newton bekämpft die Nöllner'sche Theorie und wendet sich energisch gegen die Vermuthung (welche ebenfalls zahllose Anhänger hat): dass die Caliches ihren Ursprung Guano-Massenablagerungen zu verdanken hätten. Er hält seine Entgegnung: dass in der Salpeterformation oder in der Nähe der Salpeterlagerstätten Meeresmuscheln oder andere auf eine vormalige Meeresbedeckung hinweisende Reste, »sea debris«, selten seien, für einen unüberwindlichen Einwurf gegen die Seetangtheorie. Allein — mit einer derartigen an einem inneren Widerspruch leidenden Behauptung wird er den alten Irrglauben nicht wegfegen; er wird ihn dadurch nur noch stärker befestigen, indem das Wörtchen »selten« die durch nichts bestätigten Ver-

---

15. Vergl. Dr. William Newton, F. j. C., F. C. S. etc. »The origin of Nitrate in Chili«. London, 1896. Derselbe »El origen del Nitrato de Soda« in el »Nacional« No. 1846 und in der »Patria« vom 29. Februar 1896; »The origin of Nitrate in »The Chilian Times«, Valparaiso, No. 1305. u. a. mehreren a. O.

16. Vergl. Journ. f. prakt. Chem. CII, 1867, pp. 459—464.

muthungen der Anhänger jener »neuzeitlichen Meeresbedeckung« der Salpeterherde zu nähren geeignet erscheint. — Wen es interessirt, zu erfahren: wie diese das Bedürfniss des gebildeten Publikums nach Mystik wundervoll befriedigende neuzeitliche Meeresbedeckung entdeckt wurde, der lese nicht nur den Aufsatz John H. Blake's, [17]) sondern der suche den Schlüssel zum Geheimniss in einem Artikel A. A. Hayes' [18]), aus welchem auf das deutlichste hervorgeht: dass Blake die Bestätigung seiner Behauptung, — dass recente Meereskonchylien (minute fragments of shells) sowohl im Hangenden als auch im Liegenden der Salpeterlager vorkämen, — einzig und allein infolge einer von ihm selbst ausgeübten Suggestion von Hayes' erlangte! . . . Alle die späteren Nachrichten von der Auffindung der Reste seltener oder recenter Meeresmuscheln in der Salpeterformation, welche wir bis auf die letzten Jahre herab zu registriren hatten, lassen sich auf diese eine Urquelle zurückführen, — auf die Aeusserung Hayes': er habe die erdigen Beimengungen einiger Salpetermuster, welche von verschiedenen Lagerstätten herstammten, auf das Sorgfältigste untersucht -- und gefunden: dass die überwiegende Menge des erdigen Materials aus Bruchstücken fein zerpulverter Muschelschaalen bestände. Ein brauner Mergel, wie man beim Schlämmen von Sandsteinen beobachte, bilde den Rückstand. Dieser Befund unterstütze die Schlussfolgerungen Dr. Blake's! — Blake war eben in dem Glauben seiner Zeit befangen: als er die grosse centrale Längsebene, die Pampa del Tamarugál, deren Steppencharakter ihm auf seiner Wüstenfahrt nicht verborgen bleiben konnte, für einen jugendlichen Meeresboden hielt. Charles Darwin wiederum liess sich im Vertrauen auf die Zuverlässigkeit Blake's mystificiren und hob das Kind, die neuzeitliche Meeresbedeckung der Salpetersalzwüsten, — wenn auch mit recht gewundenen Worten — aus der Taufe. [19]) Das Urtheil Darwin's war aber den Epigonen Grund genug, den wegen seiner Skepsis und wegen

17. Silliman's Americ. Journ. XLIV (I. ser.) 1843, pp. 1—12.

18. Silliman's Americ. Journ. XXXIX (1. ser.) 1840, p. 375 ff.

19. Bekanntlich fehlte Darwin die Zeit zur Anstellung eigener Beobachtungen und Untersuchungen: in sechs Tagen besuchte er von Iquique aus die Silbergruben von Huantajaya und Santa Rosa — und segelte er in den Hafen von Callao.

seines Einwurfes gegen die Meinungen Blake's und Darwin's unangenehm auffallenden Wm. Bollaert einfach todtzuschweigen, obgleich dieser Mann im Verein mit Geo. Smith Unübertroffenes und daher auch Allgemeingut Gewordenes über die Geographie, Mineralogie, Geologie, über die Wasserbewegung im Wüstenuntergrunde u. s. w. in einer Serie von Artikeln und in seinem bekannten Werk 1860 veröffentlichte. [20]) Bollaert also, der die Provinz Tarapacá gegen Ende des zweiten Jahrzehnts unseres Jahrhunderts durchstreifte und seine Untersuchungen in den fünfziger Jahren fortsetzte, der diese Region studirt hatte wie kein Anderer — weder vor ihm noch nach seiner Zeit — hatte ausdrücklich erklärt: dass er die Meereskonchylien, von welchen Blake berichtet habe, nicht habe auffinden können, weder auf seiner ersten noch auf seiner zweiten Reise! (Wir wissen den Grund). Dessen ungeachtet glaubte A. Raimondi, der grosse Reisende, (1878) noch immer an das Vorkommen der so häufig angerufenen Blutzeugen der postkretaceischen, ja quartären Meeresfluthen. Kein Wunder also, dass Nöllner, der die Salpeterwüsten niemals mit eigenen Augen gesehen hatte, 1868 seine Seetangtheorie in die Welt setzte — und dass das Gebildetenpublikum heute keine andere Erklärung des Salpeterräthsels kennt. [21])

Es kommen nun in den Salpeterwüsten in der That recente Muscheln vor, zum Theil in nicht unbedeutenden Mengen, da dieselben z. B. in den Amalgamationswerken zum Kalkbrennen und zu verschiedenen anderen Zwecken verwendet wurden: in meiner Sammlung bewahre ich etliche echte Meeresmuscheln auf, welche — im Centrum der Salzwüste Tamarugál gefunden — deutlich erkennen lassen, dass sie für die Herstellung von rohen Schmuckgegenständen der Ureinwohner bestimmt waren. . . . So viel von den Muscheln! Was aber Nöllner anbetrifft, so

---

20. Antiquarian etc. Researches. London, 1860.

21. In der Nöllnerschen Theorie tauchte vielleicht eine latente Erinnerung an längst überholte Ideen unserer Voreltern in neuer Form wieder auf: möglicherweise sind jene das Stille Meer empörenden Westorkane weniger eine überraschende Erfindung Nöllner's, als ein nur scheinbar unabhängig gefasster Gedanke. Joh. Gottfr. Pietsch hatte es freilich schon 1750 ausgesprochen: dass die Windthätigkeit in den zur künstlichen Salpetererzeugung getroffenen Einrichtungen weder die Ablagerung noch die Vermehrung des Nitrats bewirke.

muss unbedingt zugegeben werden, dass er einen ungemein glücklichen Wurf gethan hat, indem er — wie aus seinen übrigen Arbeiten hervorgeht: ein erfahrener Gährungschemiker — in einem für die Salpetererzeugung durch Verwesung besonders geeigneten Material, den Meeresalgen, die Quelle des Stickstoffs zu erkennen lehrte. Die Seetangtheorie genügte allen Anforderungen, welche man vor dreissig bis vierzig Jahren an die physiologische Chemie zu stellen berechtigt war. Inbezug auf den Jodgehalt des Chilesalpeters, dessen Ursprung er auf die jodsammelnde Eigenschaft der Meeresalgen zurückführte, wollen wir hier erinnern, dass wir dasselbe nach dem Auftreten Nöllner's als ein weitestverbreitetes Element sogar in organischer Bindung nicht nur in den Seepflanzen und Fischen, sondern auch in den Landpflanzen und im thierischen Organismus überhaupt, auch im menschlichen, kennen gelernt haben.

Nach diesem Exkurse zum Erklärungsversuch Dr. Newton's zurückkehrend, muss hervorgehoben werden, dass dieser Gelehrte sich unter sämmtlichen anorganischen Chemikern, welche in der Diskussion der vorliegenden Räthselfrage das Wort genommen haben, ein besonderes Verdienst erworben hat durch Hochhaltung des Grundsatzes: dass es zur Lösung des Problems, das uns beschäftigt, durchaus nicht der Ausklügelung exklusiver Theorien bedürfe, da die gewöhnlichen Naturprocesse die geologischen Ereignisse in durchaus zufriedenstellender Weise zu erklären geeignet seien. Newton hat sich der Ansicht der massgebenden Forscher über die Erklärung der Nitrifikation in den Böden rückhaltlos angeschlossen; aber leider stützt er sich lediglich auf einen agrikulturchemischen Versuch und nicht auf die von uns an der Salpetererzeugung — in der Natur — im physiologischen Laboratorium — in der Salpeterindustrie unserer Voreltern — in der Landwirthschaft verfolgten grösseren Wahrheit. Der aus allen diesen Untersuchungen, Versuchen, Experimenten hervorleuchtende Hauptzug der Natur, der — weil von allgemeiner Geltung — für die Geologen bindend ist, verlangt nämlich eine andere Formulirung der für die Erzeugung des Chilesalpeters vorauszusetzenden Bedingungen, als Dr. Newton vorgeschrieben hat. Theorie und Praxis müssen sich decken. Dr. Newton citirt die Ergebnisse R. Warrington's [22]), der als günstigste Bedingungen für die Durchführung der Nitrifikation, für das Wachsthum der Nitrobakterien nennt: einen porösen Boden, Vorhandensein pflanzlicher oder thierischer organischer Substanzen in reichlicher Menge, zusammen mit schwefelsaurem Kalk und alkalischen Basen — kohlensaurem Kalium, kohlensaurem Natrium oder kohlensaurem Kalk.

Auf Grund unserer im Vorstehenden angestellten Betrachtungen dürfen wir hier schon diese Einwendung erheben: dass es nicht überall darauf ankommt, dass der Boden gypshaltig sei, wie denn der Kalk eine andere Rolle spielt, als die von Newton ihm zugedachte.

Wenn ich noch einmal, zum letzten Male, auf die reichen Erfahrungen der deutschen Salpeterkultivatoren, deren einer der Hervorragendsten Joh. Gottfr. Pietsch war (1750) zurückkommen darf, wenn wir die zuverlässigen Berichte eines J. Szabó und J. Moser (1850) über die ungarische Salpetergewinnung und weitere ältere Berichte über die Grundlagen der indischen, spanischen und der übrigen Salpetererzeugung vergleichen mit den Resultaten der Autoritäten in Sache der bakteriell biologischen Nitrifikation, so entnehmen wir aus den sich über ein und ein halbes Jahrhundert ausdehnenden Studien folgendes interessante Ergebniss: dass die für die Erzielung einer reichen künstlichen Salpeterernte als günstigste Bedingungen erkannten Anforderungen an die Verhältnisse des Bodens oder der für die Salpeterkulturen besonders konstruirten Bauten (der Salpeterwände und Salpeterschuppen) in nichts abweichen von den Bedingungen, deren Erfüllung die Salpetermikroben zu einer günstigen Wachsthumsentfaltung in den Natur- und Kulturböden bedürfen. Diese Bedingungen sind:

1. ein poröser Boden, welcher durch ungehinderte Luftcirculation die Sauerstoffzufuhr befördert;
2. eine schwache Alkalinität des Bodens bei Anwesenheit starker Basen; kohlensaurer Kalk unbedingt erforderlich;
3. eine Temperatur über Nullgrad, zwischen 5° und 37° C. (dem Optimum);

---

22. Warrington hat allerdings mehrere Versuche ausgeführt, um die Richtigkeit der Schlussfolgerungen Schlössing's und Müntz' zu prüfen, — »deren Untersuchungen der Ausgangspunkt der Experimente« Warrington's waren. — vergl. Ref. in den Ber. d. deutsch. chem. Ges. X., 1877, 2, p. 2241. — Newton giebt übrigens nicht an, auf welche Arbeit er sich bezieht.

4. eine mässige Bodenfeuchtigkeit, ein gewisser Wassergehalt des Bodens, der das Austrocknen verhindert;
5. Vorhandensein faulender stickstoffhaltiger organischer Substanzen im Boden, pflanzlicher oder thierischer (Bildung von Ammoniak und Ammoniaksalzen, aus deren Verbrennung durch stufenweise erfolgende Oxydation die Nitrobakterien ihre Lebensenergie schöpfen).

Dieser äusseren Bedingungen für einen günstigen Verlauf der Nitrifikation bedurften die Mikroorganismen der Salpetererzeugung auch in der geologischen Vorzeit, und heute schreiben wir die besondere Fruchtbarkeit in den Wüstenoasen (z. B. in den Canchones von Tarapacá) dem Zusammentreffen mehrerer der Entwicklung des Pflanzenlebens günstiger Bedingungen zu, welche — durch das Auftreten des Wassers stellenweise erfüllt, — den Nitrobakterien die Möglichkeit gewähren, in der Einöde zu vegetiren und zu proliferiren. Die Salpeterbildung in den Böden aber ist abhängig vom Gehalt derselben an kohlensaurem Kalk, in welchen — wie wir schon im ersten Abschnitt Veranlassung nahmen anzumerken, — der Gyps mit kohlensauren Alkalien übergeht. Durch die Einwirkung dieser in den vegetabilischen Erden beständig erzeugten Karbonate bildet sich feinzertheilter amorpher kohlensaurer Kalk, der im Ueberschuss der (sich im Verlaufe der physiologisch-chemischen Bodenprocesse entwickelnden) freien Kohlensäure besonders leicht in Wasser löslich ist (doppeltkohlensaurer Kalk), der somit vorzüglich geeignet ist, als neutralisirende Substanz zu wirken, indem sich das Calcium auf das Wachsthum der Salpeterbakterien indifferent verhält, — der Grund, wesshalb die Nitrobakterien sich auf kalkhaltigen Bodenpartikeln ansiedeln.

Die Logik der Thatsachen zwingt uns, nunmehr anzuerkennen: dass der kohlensaure Kalk des Bodens die Basis des nordchilenischen Salpeters gebildet hat, dass sich jedoch der ursprünglich entstandene Kalksalpeter — ein intermediäres Produkt — mit Salzen des Natriums und Kaliums zu Chilesalpeter umsetzen musste.[23] Das Auftreten von Kalksalpeter neben

23. Zahlreiche im Gebirge und im Untergrunde der Salares (Salzlagunen) perkolirende Gewässer enthalten im Abdampfrückstand durchschnittlich 35—50 % Chlornatrium, 20—45 % schwefelsaures Calcium, 20—45 % schwefelsaures Natrium

Natronsalpeterlagern in den Salpeterwüsten steht hiermit vollkommen im Einklange. Bis zur Hervorbringung des Kalknitrats bestimmen die organischen Kräfte die chemischen Reaktionen; die weiteren Umsetzungen geschehen — wie sie noch immer in der Gegenwart geschehen — auf dem Wege anorganisch-chemischer Reaktionen, welche jedoch nicht überall bis zur Natron-Kalisalpeterbildung führen.

Dr. Newton hält übrigens die grosse Tamarugal-Steppenwüste für das salpetererzeugende Naturlaboratorium, und er glaubt, dass der poröse gypshaltige alkalische Boden so reich an organischem, in der Hauptsache pflanzlichem Material »älteren Ursprunges« sei, dass Natriumnitrat in demselben angehäuft werden müsse, indem die im Untergrunde perkolirenden Gewässer kohlensaures Natron enthielten und die hohe Temperatur die Nitrifikation begünstige. Schliesslich hält er dafür, dass die Blosslegung des Bodens und künstliche Bewässerung der aufgedeckten porösen Schichten, auf welche die Sonne mit voller Kraft eindampfend einwirken könne, die Möglichkeit einer der indischen und birmischen Salpeterkultur ähnlichen Industrie gewähre.

Allerdings legt uns das drohende Gespenst der Erschöpfung der Chilesalpeterlagerstätten den Gedanken nahe, auf praktische Methoden der Massendarstellung salpetersaurer Salze zu sinnen. Aber müssen wir uns denn unter allen Umständen dazu der organischen Krafte bedienen?! Drängt nicht vielmehr alles darauf hin, die langsam verlaufenden Gährungsprocesse durch anorganisch-chemische Verfahren zu ersetzen?! Jedenfalls besitzt die Landwirthschaft billigere Surrogate für den nach der Methode Newton's zu erzeugenden Salpeter, z. B. das schwefelsaure Ammoniak, und giebt uns die Gährungstechnik ja rentabelere Verfahren an die Hand. . . Das kostbare, in den wasserführenden Ausmündungen der westlichen Andenthäler in ausgedehnten Stollen-

---

und schwefelsaure Magnesia in wechselnden Proportionen, — das sind die Salze, welche in der Chilesalpeterformation vorwiegen.

Vergl. auch Dr. Eugen W. Hilgard: Einfl. d. Klimas auf die Bildg. u. Zusstzg. d. Bodens, Heidelberg, 1893, p. 12: dass die landumschlossenen Salzseen der Wüstenregionen im Allgemeinen denselben Sachverhalt erhärten, »dass die Chloride des Natriums und Magnesiums und die Sulphate derselben und des Calciums, die Hauptmasse der aus dem Lande ausgelaugten Bestandtheile bilden, während von anderen Substanzen nur das Kalium in einigermassen bedeutender Menge vorkommt.«

anlagen gesammelte Wasser soll freilich der Produktion von Salpeter in den Wüsten dienstbar gemacht werden, — der Vortheil der Nitraterzeugung in den Böden komme indessen lediglich dem Gemüse-, Obst- und Getreidebau in den sagenhaft fruchtbaren Oasen des östlichen Wüstensaumes in den Ausläufern der Anden zu gute, — Aus dem Gesagten geht ohne weitere Worte hervor, dass die Bakterien eine Rolle — eine hochbedeutsame Rolle — gespielt haben, zur Begründung beitragend aller ursprünglich aus den Steppen kommenden Kultur!

* * *

Wir kommen darauf zurück, dass es eine allgemein anerkannte und unter anderem von den hunderttausenden Salpeteranalysen der Industrie und des Handels bestätigte Thatsache ist, dass der Chilesalpeter im Wesentlichen aus Natriumnitrat besteht. Diese Ansicht soll jedoch — nach dem zu urtheilen, was uns Zeitungsberichte aus Chile über die neuesten mineralogisch-chemischen Entdeckungen des Dr. W. Krull melden [24]) grundverkehrt sein. Das heisst: wenn die Zeitungsberichte über die neuesten Auffindungen und Gedanken, welche Dr. Krull im Februar dieses Jahres auf dem wissenschaftlichen Kongress in Concepcion-Chile vorgetragen hat, die Ansicht dieses verdienstvollen Chemikers einigermassen richtig wiedergeben: so besteht der Caliche nicht aus salpetersaurem Natrium, Kalium und Calcium neben den gewöhnlichen Sulphaten der Alkalien und Erden und den Haloidsalzen. Dieses Ereigniss wäre so bedeutend, dass wir — vor dem Erscheinen der Originalarbeit Krull's — einstweilen eine entstellte Wiedergabe des Vortrages vermuthen, wenn wir Folgendes lesen:

»Was die Salpeterformation ausmacht, ist eine Serie von Substanzen und Verbindungen, welche man bisher für Chlornatrium, schwefelsaures Natrium und salpetersaures Natrium gehalten hat. Diese Säuren finden sich nun vornehmlich in Kombination mit Substanzen, welche Herr Professor Krull entdeckt hat, mit Substanzen, welche wesentliche Bestandtheile der umliegenden Berge nnd der unterirdisch fliessenden Gewässer

24. Importante descubrimiento en el salitre. — Su formacion. — El profesor Krull. (de El Mercurio). s. La Patria — Iquique, 27. März 1896, No. 1540.

sind.« . . . Durch die Oxydation dieser Substanzen sollen in Verbindung mit den Hauptbestandtheilen der Luft die Haloidsalze, Sulphate und Nitrate entstanden sein, welche im Caliche enthalten sind. Krull hat den Berichten zufolge in den perkolirenden mit Salzen beladenen Wässern der Salpetergebiete »reichliche Mengen der bisher unbekannten Verbindungen entdeckt, welche er Andium und Chilium nennt.« »Diese Substanzen haben den Caliche gebildet, allerdings in Verbindung mit Chlorsäure und anderen von Professor Krull entdeckten Substanzen.« Ferner soll Krull in den Caliches eine wichtige chemische Verbindung gefunden haben, welche er »oleum pampinum« oder »Pampasoel« nennt, — welches »beiträgt, die Zahl der Elemente oder Mineralverbindungen zu vervollständigen, welche miteinander in der Salpeterformation vorkommen.« — »Der Gehalt an Chlorsäure« aber soll die Salpeterbrände hervorrufen — sowohl in den Salpeterofficinen als auch in den Lagerschuppen an der Küste. Weiter wird merkwürdigerweise Nachdruck darauf gelegt: »dass der Chilesalpeter nicht zum Pflanzenreich gehöre, dass er ein Mineral sei — wie jedes andere,« was nur so verstanden werden kann, dass der Autor nicht an den Ursprung der Chilesalpetersäure aus Organismen glaubt. Dr. Krull ist Anhänger der atmosphärischen elektrischen und durch vulkanische elementarische Verbrennungsprocesse erfolgenden Nitrifikation [25]) und wendet sich mit der gedachten Bemerkung gegen die Nachbeter Nöllner's. Aber bei weitem absurder erscheint ihm die Voraussetzung, dass irgend ein Guano die ursprüngliche Salpetersäurequelle gebildet habe. . . . Nach allem dem wäre ja in den Lehrbüchern der Mineralogie für den ungarischen und die übrigen Salpeter kein Raum — und das von uns aufgezimmerte Gebäude der Geozymologie beruhte in Wirklichkeit auf Wahnbegriffen. Für uns giebt es keine andere Nitrifikation, die zur Erzeugung des Chilesalpeters geführt haben könnte, als die von Bakterien eingeleitete und durchgeführte Salpetersäuregährung in der Erdbodenoberfläche, an der Grenze des Luftoceans, wo durch die mikroskopischen Pilze der Austausch des Stickstoffs im Kreislaufe der Materie hauptsächlich bewirkt wird. . . und wenn vor kurzem T. L. Phipson »nach

25. Vergl. Dr. W. Krull: »Studie der Salpeterwüste und ihrer Industrie« in Mitthlgn. a. d. naturw. Verein f. Neuvorpommern und Rügen, 1892.

dreissigjährigen Untersuchungen« über die Assimilation des Stickstoffs durch die Pflanzen zu der Ueberzeugung gelangt ist, dass der Stickstoff nur im Zustande des salpetersauren Salzes assimilirt wird; wenn dieser Gewährsmann ferner der Ansicht ist, dass die Nitrifikation überall in der Erdbodenoberfläche bewirkt wird durch die langsame Oxydation des Ammoniaks, — dem er übrigens, wie auch der Kohlensäure, eine ursprünglich vulkanische Herkunft zuschreibt —: nun so erkennen wir in dieser ausdrücklichen Hervorhebung des bodenchemischen Charakters der Nitrifikation ein günstigstes Symptom für die baldige Herstellung des so dringend wünschenswerthen Einverständnisses unter den Salpeterforschern Hieran wird nichts geändert, wenn man (an die Untersuchungen über das Calciumcarbid anknüpfend) voraussetzt, dass der Stickstoff ursprünglich an metallische Elemente gebunden gewesen ist, da diese Verbindungen, durch die Einwirkung des Wassers zersetzt, nur Metalloxyde und Ammoniak geliefert haben können.

Wir haben hier nicht Raum, den auf jeden Fall an Ueberraschungen reichen Ausführungen Krull's, mit welchen er die Bemühungen dreier Generationen abschliesst, weiter zu verfolgen; auch hat es keinen Zweck, hinsichtlich der Abfertigung Nöllner's durch Krull auf's Neue ausführlich zu beweisen: dass der Algenstickstoff nur durch Bakterien zu Salpetersäure transformirt wird.

Die Gährungswissenschaft, unter den Hülfswissenschaften der Geologie die jüngste, verbindet als Geozymologie die Geologie auf das Engste mit den biologischen Wissenschaften. Im Studium der Aeusserungen und der geologischen Wirkungen der zymotischen Kräfte verschmelzen die dynamische und die chemische Geologie. Durch die Aufnahme zymologischer Gesichtspunkte in die geologische Methode werden wir mit der Agrikulturchemie vertraut und mit der Hygieine verwandt. Beim Durchblättern der Entwicklungsgeschichte der Gährungswissenschaft bis zum gegenwärtigen Stande unserer Kenntniss von den zymischen geogenetischen Phänomenen enthüllen sich uns interessante Blicke in die Morphologie und in die Geographie — ja in die Kulturgeschichte des Menschen.

Blicken wir auf unsere Betrachtungen zurück! Welche Unzahl verschiedener Abhängigkeitsverhältnisse in den aus dem gesetzmässigen Ineinandergreifen von organischen, physikalischen und chemischen Kräften herrührenden Naturerscheinungen, von deren Verkettung unter einander inbezug auf die einzelnen Ursachen und Wirkungen im Ganzen der Natur wir nur einen bescheidensten Theil gestreift haben! Immerhin berechtigen uns die gepflogenen objectiven Erwägungen zu der Hoffnung: dass es uns gelingen werde »das Schwierige bei der Natur zu überwinden, — das Gesetz da zu sehen, wo es sich uns verbirgt« — in einer zeitgemässen Erläuterung des Problems des Chilesalpeters als desjenigen Phänomens, welches das Hauptparadigma der Geozymologie bildet. Wir haben uns davon überzeugt, dass wir zu diesem Endzweck weder Vulkanalien feiern sollen, noch uns in absonderliche Stübeleien verrennen dürfen über salpeterbildende marine Kataklysmen. Über die atmospärisch-elektrische Nitrifikation ist kein Wort weiter zu verlieren. . . Auf diesem Felde erringt keiner die Palme, der die Sehnsucht, die ihm in der Seele brennt, willkürlich löscht. Wir haben es an den so wenig glückliche Einfälle zeigenden neuesten Erklärungsversuchen verfolgen können, dass im Allgemeinen ungefähr auf je drei Zeilen der in diese umfangreiche Speziallitteratur niedergelegten Meinungen, wie man zu sagen pflegt: »dreitausend Zeilen der Berichtigung« entfallen. Hypothesiren und Theoretisiren über wissenschaftliche Gegenstände, die schon vor längerer Zeit gründlich erkannt worden sind, ist überflüssig und unangebracht. Müntz hat in seiner klassischen Aufhellung des Geheimnisses der Chilesalpeterbildung durch die zeitgemässe Auflösung des engeren Problems in dieser Richtung die Macht der Phantasie bezwungen;[26]) aber da er die Salpeterwüsten nicht aus eigener Anschauung kannte, so stellte er eine Theorie auf, welche der geologischen Kritik nur dann vollkommen hätte standhalten können — wenn er mit den Darlegungen Bollaert's[27]) bekannt geworden wäre. Es ist ja vollkommen richtig, dass dort, wo durch energische physiologisch-chemische Nitrifikation Salpeter in grösseren Mengen gebildet wird, als letzte Zeugen des thierischen Ursprunges, phosphorsaurer Kalk angetroffen wird, welcher die Bildung des Sal-

---

26. s. Anm. 5.

27. s. Anm. 20.

peters in situ anzeigt, und dass das Fehlen solcher Phosphatmassen in der Umgebung der Nitratlager anzeigt: dass der Chilesalpeter sich nicht am Platze seiner Ablagerung aus thierischen Resten gebildet haben kann, sondern dass er vielmehr von den cirkulirenden Gewässern gelöst, seinen Ursprungsort verlassen habe und durch Verdunstung des Wassers auf den augenblicklichen Lagerstätten nur angereichert worden sei. Wir legen nicht so grossen Nachdruck auf das Fehlen der Phosphate, weil wir den Chilesalpeter für das normale Endprodukt eines regionalen Stickstoffmineralisirungsprocesses halten. Da wir wissen, dass der südamerikanische Kontinent zur Tertiaer- und Diluvialzeit Pflanzenwuchs getragen und Thierleben gezeigt hat, so erkennen wir den Ursprung der Salpetersäure in der Verwesung thierischer und pflanzlicher organischer Substanzen, — kürzer: in (stickstoffhaltigen) organischen Stoffen, da die animalischen Eiweisskörper durch die Umwandlung der pflanzlichen Nahrung entstehen, und der Stickstoff der thierischen Körper demnach, im Principe genommen, vegetabilischer Stickstoff ist. Was dann das Phänomen der Ortsveränderung des Salpeters anbetrifft, so ist es häufig; beständig findet es vor unseren Augen statt, was man schon an den Efflorescenzen des Mauersalpeters erkennt.[28])

Die Pflanzen entziehen dem Untergrunde nicht die ganze jeweilig in ihm cirkulierende Salpetermenge. Kann daher irgendwo ein spärlicher, nicht einmal kontinuirlicher, Abfluss von Nitrat mit Salzlösungen nach einem Trockengebiet stattfinden, so muss — schon wegen der allgemeinen Mineralführung der Gewässer — in den Becken oder flachen Wannen mit der Zeit ein Salpetersalzgemisch abgesetzt werden. Somit drängt sich uns die Vermuthung auf, dass die Chilesalpetersäure im Hinterlande der Calichales erzeugt worden sein dürfte, und dass die Aufspeicherung von Salpeter und seinen Begleitsalzen an der Bodenober-

28. Vergl. Dr. J. Reinhard Blum: Lithurgik. Stuttgart, 1840, pag. 353. »Nach Rivero findet sich der Salpeter in Lagern und soll, wie Meyen glaubt, aus dem Sandboden efflorescіren, wie das mit anderen Salzen an gar vielen Orten des südlichen Amerikas der Fall ist«, und Professor Dr. J. Meyen: Beiträge z. Kenntn. d. Prov. Tarapacá etc. in Berghaus' Annalen, 1835, XI, pp. 209—217. » . . so wie ich weiter südlich, nämlich in der Provinz Copiapó unabsehbare Sandflächen durchreist bin, welche ganz und gar mit efflorescirtem Salze bedeckt waren«. Merkwürdigerweise entging den Salpeterschriftstellern dieser Fingerzeig.

fläche in Tarapacá und Atacama in nichts abgewichen zu haben scheint von den Naturvorgängen, welche wir in der Gegenwart beobachten. Natronsalpeter wird nicht nur in den Quellen der Westanden und in den Gewässern der Hochplateaux gefunden, sondern es hat (durch den Erzgrubenbetrieb erschlossen) im Osten der Lagerstätten, einige hundert Meter höher als das Niveau der nächstgelegenen Salpeterfelder, eine vormalige Durchtränkung ganzer Gebirgshorizonte mit perkolirender Calichelauge nachgewiesen werden können und sind in grosser Höhe über dem Meer (ca. 3800 m) kleine Salpeterflötze bekannt geworden.

Von der durchaus unruhigen Erscheinung des Salpetervorkommens in den verschiedenen Hauptbecken und sogar an einzelnen Stellen desselben Lagers, von den gesetzlosen Facies der Salpeterformation Nordchiles wird niemand mehr die Antwort holen wollen auf die hier erörterte Frage. Die Lagerstätten sind nur eine res accessoria. Die verschiedenen Begleitsalze der Caliches als Haloidsalze, Sulphate, Borate, Jodate, Bromate u. s. w. sind normale Auslaugungsprodukte des riesigen Gebirgshinterlandes, und es mag unter Berufung auf die interessanten Versuche Wm. Bollaert's zugegeben werden, dass die Seewinde und die Nebel aus dem verstäubten Seewasser eine nicht unbeträchtliche Menge Salze hinzugefügt haben. Eine der interessantesten hier zu erwähnenden Erscheinungen ist die durchgreifende Zersetzung der Ausgehenden, die Halogenisation der Erze, eine mitunter mehrere hundert Meter niedersitzende Zone von entscheidender Bedeutung für den Grubenbetrieb.... Dieser riesige, über so riesige Räume hin gleichartige Effekt kann in der Hauptsache nur einem durch sehr lange Zeiten kontinuirlich wirkenden Naturvorgange zugeschrieben werden, — der langsamen, schrittweise erfolgenden Zersetzung des Gebirges und dem unterirdisch cirkulirenden, die durch seine auslaugende Thätigkeit in Lösung mitgeführten Salze durch das Gebirge perkolirenden Wasser.[29].

---

29. Vergl. Wm. Bollaert: Geography of Southern Peru, in Geogr. Soc. Journ. XXI. 1851. pp. 99—129 (mit einem sauber ausgeführten Croquis. Die von Bollaert u. Smith gesammelten Daten wurden von Arrowsmith in seinen Kartenblättern für die Werke Cpt. Fitz-Roy's u. Sir Woodward Parish's verwendet, ebenfalls von Berghaus). — Vergl. v. dems. Autor: Natronsalpeter in der Prov. Tarapacá, Süd-Peru, in Karsten's Archiv, XXV, 1853, pp. 667—671; vornehmlich aber vergl. das in Anm. 20. citirte Werk Bollaert's.

Es musste also in den Niederungen zwischen Anden und Küstengebirge ausser Salzgemischen abweichendster procentischer Zusammensetzung auch Salpeter sich absetzen — sobald nur das höher gelegene Hinterland an Feuchtigkeit keinen Mangel litt und die übrigen Bedingungen für das Gedeihen von Pflanzen und Thieren dort vorhanden waren. Diese Vermuthung steigert sich zur Ueberzeugung, wenn die paläontologischen Funde — als Skelete von Riesenmammiferen, Riesenédentaten, als Quellenkalke, welche Schnecken- und Pflanzenversteinerungen führen, — darauf schliessen lassen, dass in den angedeuteten Nitrifikationsbezirken auch in der jüngstverflossenen Epoche der Erdentwickelung den Pflanzen und Thieren, also auch den Salpetermikroben nicht ungünstige Existenzbedingungen vorgeherrscht haben. (Um die Salpeterbildung zu erklären, bedarf es garnicht der Annahme eines Optimums der wiederholt gedachten äusseren Bedingungen.) Mag nun ein Theil der in den Caliches enthaltenen Salpetersäure schon zur Tertiärzeit mineralisirt worden sein, so spricht die grössere Wahrscheinlichkeit doch wohl für die ältere Quartärzeit, oder besser — der Lösszeit, deren Ablagerungen an einigen Stellen — sowohl in der näheren Umgebung der Nitratfelder als auch in der Andenregion — von den Ueberresten der ebengedachten steppenbewohnenden Riesensäuger charakterisirt werden.[30]

---

30. Ungefähr bei 3800 m. Höhe ü. d. Still. Ocean. — M. F. Paz Soldan giebt in seinem Cuadro General de Alturas Comparativas del Peru (in seinem grossen Atlas geografico, 1865) die Höhenlage der Weideplätze der Llamas u. Alpacas im Sommer bis zu 4800 m. an. An die Mistplätze der Kameliden anknüpfend, von denen uns Kuntze (s. Anm. 10) berichtet, wollen wir nicht vergessen, hier ausdrücklich zu betonen: dass die so vieles Kopfzerbrechen verursachenden Guanos der Salpeterlagerstätten und der Binnenlandsalzwüsten von modernen Bewohnern der angrenzenden Steppen abgesetzt worden sind — so namentlich von Ctenomys und dort noch immer lebenden Thalassidromen und Steppeneulen — (unbedeutendste Guanofleckchen auf Klüften der Salpetersalzflötze, curiosa ohne alle und jede genetische Beziehung zur Bildung des Natronsalpeters) —, während der Küsten- und Inselguano von Seevögeln und Seehunden herrührt, wodurch es jedermann verständlich wird, was bei den Augenzeugen solcher Inlandfundstätten schon lange feststeht: dass diese so leicht von einander zu unterscheidenden Guanos durchaus nicht in irgend eine Beziehung zu einander gebracht werden dürfen. — Die Kadaver dieser kleinen Säuger und Vögel wie auch der im Vorhergehenden erwähnten Baumleichen sind als Trockenleichen erhalten geblieben — weil konservirt durch die (sterilisirende) trockne Wüstenluft: die Summe

Die Salpeterfelder bezeichnen lediglich eine Unterbrechung im Kreislaufe des Stickstoffs und der Salze; es schrumpft das grosse Geheimniss zusammen auf ein Problem der historischen Geologie. Die nordchilenischen Salpetersalzlager sind eine echte Festlandbildung sowohl inbezug auf die Nitrate, als auch hinsichtlich der unmittelbaren Herkunft der Begleitsalze. Die Steppen der Tertiär-Diluvialzeit, der Lösszeit, vereinigten ohne allen Zweifel die für die Durchführung der hypogäischen Nitrifikation relativ günstigsten Bedingungen. Die Vermehrung der auf die allergewöhnlichste Weise von der Natur erzeugten Menge salpetersaurer Salze aus den Atmosphärilien durch die elektrische Nitrifikation im Luftocean und durch die wiederum von mikroskopischen Pilzen bewirkte Fixation des freien Stickstoffs der Atmosphäre im Erdboden -- bedarf im Jahre 1896 ebensowenig einer wiederholten Bestätigung, wie die Möglichkeit eines weiteren Zuwachses an Salpeter aus vulkanischen Sublimationen durch die wiederum von Bakterien erregte Oxydation des Ammoniums der Exhalationen der andinen Feuerberge — einer besonderen Erläuterung.

Die Salpetersäure des Chilenitrates ist das Produkt eines an sich höchst unscheinbaren, jedoch durch lange geologische Zeitabschnitte kontinuirlich wirksamen und daher — im Grossen und Ganzen genommen — noch immer in der Gegenwart gewaltige geologische Effekte hervorbringenden physiologisch-chemischen Processes, eines bakteriell-biologischen Vorganges. Die Caliches sind inbezug auf ihren Gehalt an Stickstoff in unorganischer Bindung auf der höchsten Sauerstoffstufe ein Kolossaldenkmal, welches in der Hauptsache geotektonische, hydrochemische und hydromechanische Kräfte und — im Verbande mit myriadisch-säkularen Klimaänderungen — vielleicht auch kosmische Einflüsse der geologischen Thätigkeit der mikroskopischen Pilze gesetzt haben.

Möge recht bald die feste Ueberzeugung von dem eminent freundlichen geologischen Beruf, den gewisse Bakterien um uns herum ausüben, in weiteste Kreise getragen werden!

---

der Bedingungen der Fäulniss wird nicht erfüllt, die Fäulniss-Verwesung bleibt aus, — wie in Sibirien durch hohe Kältegrade bedingt (wohlerhaltene Mammuth-leichen) und in Torfmooren durch die Bildung organischer Säuren (menschliche Kadaver vollkommen erhalten).

Es ist keineswegs ausgeschlossen, dass durch die Konsequenzen der Anwendung dieser auf weiten Umwegen erlangten geozymologischen Perspektive neues Licht falle auch auf andere Probleme.

Göthe's Schlussworte in der »Selbstprüfung« dürften auch an diesem Platze die auf die Zukunft gesetzte Hoffnung treffend ausdrücken: »denn ob ich gleich mir nicht einbilde, dass hiermit alles gefunden und abgethan sey, so bin ich doch überzeugt: wenn man auf diesem Wege die Forschungen fortsetzt und die sich hervorthuenden näheren Bedingungen und Bestimmungen genau beachtet, so wird man auf etwas kommen, was ich selbst weder denke noch denken kann, was aber sowohl die Auflösung dieses Problems als mehrerer Verwandten mit sich führen wird.«

Ist die Zeit vorüber, da man das Problem des Chilesalpeters auf Steckenpferdchen berennen darf, wird es von Neuem um die Räthselfrage ertönen — das vor Jahrzehnten erklungene Entsagungmotiv: »es hat den Anschein, als hätten bei der Bildung des so mächtig auftretenden salpetersauren Salzes uns jetzt unbekannte Verhältnisse obgewaltet«. . .?

Berichtigungen.

Auf p. 6, Zeile 17 von oben: lies »aufdrängenden«.
» » 19, letzte Zeile: lies »deren gründliche Kenntniss«.
» » 26, Zeile 19 von oben: lies »koprophiler Bakterien in Koprolithen«.
» » 28, » 19 von unten: lies »aus dem letzteren«.
» » 33, » 2 » oben: lies »ozonisirten Sauerstoffs«.
» » 40, » 9 » » lies »von Flugsand«.
» » 41, » 18 » » lies »XI.—XVI.«
» » 41, » 27 » » lies »XVIII.«
» » 46, » 15 » » lies »I. Moser«.

CPSIA information can be obtained
at www.ICGtesting.com
Printed in the USA
BVHW091225281118
534214BV00026B/1566/P

9 780260 810045